U0295689

通·识·教·育·丛·书

创新思维与现代设计

Creative Thinking and Modern Design

谢友柏 陈泳◎主编

上海交通大学出版社
SHANGHAI JIAO TONG UNIVERSITY PRESS

北京大学出版社
PEKING UNIVERSITY PRESS

内容提要

　　人类一切有目的的活动,总有设计和实施两个阶段,创新也不例外。只有正确的设计,才有成功的创新。这就是为什么创新思维和现代设计能够和需要联系在一起的原因。现代设计就是在认识时代特征的基础上,对传统设计的发展,以期更好地支持竞争取胜,支持创新成功。

　　本书是上海交通大学开设的同名通识课程教材,从"创新与设计"、"创新思维"、"需求驱动的创新"、"创新的设计"以及"分布式知识资源环境中的产品设计"五个方面展开,适合各专业的大学生阅读,也适合对创新设计感兴趣的大众读者参考学习。

图书在版编目(CIP)数据

创新思维与现代设计 / 谢友柏等主编.—上海:
上海交通大学出版社,2014(2019 重印)
ISBN 978-7-313-11610-9

Ⅰ.①创…　Ⅱ.①谢…　Ⅲ.①设计学—高等学校—教材　Ⅳ.①TB21

中国版本图书馆 CIP 数据核字(2014)第 128782 号

创新思维与现代设计

主　　编：谢友柏　等
出版发行：上海交通大学出版社　　　　　　地　　址：上海市番禺路 951 号
邮政编码：200030　　　　　　　　　　　　电　　话：021-64071208
印　　制：当纳利(上海)信息技术有限公司　经　　销：全国新华书店
开　　本：710 mm×1000 mm　1/16　　　　印　　张：15
字　　数：239 千字
版　　次：2014 年 12 月第 1 版　　　　　　印　　次：2019 年 8 月第 2 次印刷
书　　号：ISBN 978-7-313-11610-9/TB
定　　价：39.00 元

序

　　将创新思维和现代设计两个概念联系在一起,而且将它们组织成为一门在上海交通大学开出的通识教育课程(面对的学生可能是文科的、理科的或者是工科的),是一个理念,也是一个尝试。

　　创新思维,是一种意识,一种追求,也是一种文化:标新立异,永不满足。标新立异,在中国传统文化中带有一点贬义,指一个人不安分守己,不循规蹈矩。但是在社会激烈竞争的今天,就是需要这种标新立异的精神。没有这种精神,创新型国家是不可能建立的。

　　但是用"创新"而没有用"创意"这两个字,希望明确"创新"是为了竞争取胜,而不停留于个人喜好的追求。"创新"具有它的社会意义,服务于社会,同时又能够为社会所接受。"创新"是否成功,不仅仅是个人的事,通常牵涉一个社会群体(当然有大有小)的活动和命运。

　　正如在本书第一章中讨论的那样,人类一切有目的的活动,总有设计和实施两个阶段,创新也不例外。只有正确的设计,才有成功的创新。这就是为什么创新思维和现代设计能够和需要联系在一起的原因。现代设计就是在认识时代特征的基础上,对传统设计的发展,以期更好地支持竞争取胜,支持创新成功。

　　当然,《创新思维与现代设计》课程的设计是否正确,也要看它在实施以后的效果。经过两年中三次开课,许多参与授课的教师都对课程内容和讲授方法作出了贡献。因为觉得需要有一个讲义,就由谢友柏、费燕琼、孟祥慧、陈泳和戴旭东(按章排序)5位同志总结参与者两年里讲授的内容,遵照教学大纲依次分别编写了这个从第一章到第五章的讲义。特别要提到的是,在编写的第二章中,大量采用了陈贤浩同志在讲授本课时贡献的材料。此后，上海交通大学出版社鼓励我们将讲义出版，以期得到更多读者的关注，更多的建议和参与。因此，虽然我们并不认为它已经成熟，但是还是接受了出版社的意见。为了介绍使用这个教材和讲授的效果，我们收集了少数具有代表性的学生作业放在附录里，与读者交流。作业由王玉章同志整理。

因为是一个理念，是一个尝试，虽然有一个教学大纲，大家对如何实现这个理念的理解有很多不同。这从两年的讲授中可以看到，从这 5 章的内容更可以明显地看到。作为对待创新或者标新立异需要有的心态，就是要从研究这些不同中寻求创新思维和现代设计的内在规律。"不同"不是坏事，只有从差异中才能够找到正确的认识，重要的是思考。希望阅读本书的读者，也能够用这样的眼光来看待里面的差异。

当然，讲义正式出版成书后，差异太多并不是什么光彩的事。我们衷心希望读者能够在使用本书时，从各个方面提出你们的看法和建议，使差异不要再像现在这样的多，帮助我们这个新理念的成熟和这个新尝试最终取得成功。

本书的出版组织工作由陈泳同志完成。

感谢所有参加讨论的老师，感谢上海交通大学教务处的同志对我们这个尝试的指导和支持，感谢多年来选择这门课和对这门课提出各种建议的同学，感谢张执南同志早期为讲义所做的整理工作。

谢友柏

2014 年 4 月 10 日于上海

目 录 | Contents

第一章
创 新 与 设 计

　　人类根据自己需要制作任何事物,一般总是经过这样一些阶段:设计、实现、运用和维护以至废弃和废弃后的处理,通常称这整个过程为该事物的生命周期。所以,设计是人类一切有目的活动的起点,在这个起点上,要预先估计和规划事物在全生命周期中的际遇和行为。

　　世界万物都是在竞争中存在和发展的,制作任何一件事物,时刻要考虑是否能够竞争取胜。竞争取胜有很多手段,创新是竞争取胜的重要手段。所谓创新,与模仿相对立,是采用此前未曾用过的办法使所制作的事物满足现在不能满足的需求。这里面有两个关键词:一是此前未曾用过的办法,二是现在不能满足的需求。因此在动手制作前,都需要对各种可能发生的情况进行尽可能充分的估计和对如何保证新办法成功应用做出精心安排,这就是设计。设计和创新是紧密关联的,没有正确的设计,就不可能有成功的创新;同时,创新是设计的灵魂,没有创新的设计,很难竞争取胜。当然,设计除掉满足需求以外,还要满足约束条件,比如设计一个车,每小时能跑 200 公里,这是满足需求,但是它的排放不能超过欧 4 标准,后者就是约束条件;又比如,设计一个国际旅游服务,要让顾客玩得开心,满足顾客需求,但是旅游项目中不能有违反所在国法律的内容,这就是约束条件。

　　所以,本书取名《创新思维与现代设计》,在阐明有关基本概念同时,着重讨论二者之间的依存关系,并介绍一些解决问题的方法。

　　先讲讲现在不能满足的需求。创新要满足新的需求,人类需求是多方面的,在制作一件新事物时,首先要满足的是性能的需求。性能包括功能和质量两个方面,人们需要一件新事物,首先是需要它的功能。质量则是功能在全生命周期中保持性的度量。人们在获得新事物后,当然不希望它的功能在使用期内过分偏离设计值,这就要求高质量。

人类在生产和生活中,需要的功能各种各样,而且日新月异。功能基本上可以分为三个大的方面:物质功能、精神功能和社会功能。这里讲的物质是广义的。比如,生产和生活需要电,于是就要有发电装备。例如用核能发电,就要有核电厂,在核反应堆里通过核燃料反应产生热,由循环的冷却水将热带出来,推动汽轮发电机组发电。发电是满足一种物质功能需求。又比如,生活要求精神愉快,于是就需要能够欣赏的艺术品,例如绘画、乐曲、园艺等,人与之接近或处在这个环境里,得到精神上的愉悦感觉,这就是满足一种精神功能需求。又比如,人们追求和谐生活,但是社会存在差异和竞争,于是就需要政治和法律来进行协调和制约,使得差异和竞争不至于破坏和谐。又比如,要化解千军万马过独木桥促成的应试教育大潮,就需要正确的教育政策和合理的考试办法,使优秀者能够深造,其他人也各得其所,受到应有的教育。核反应堆人不能进去,当然不需要精神功能;而艺术欣赏品不涉及物质的传递和变化,没有物质功能;人民代表大会通过的宪法,也只有社会功能。这是几个极端的例子。不过多数事物,都有两方面或者三方面的功能。比如中国工程院在北京德胜门外的新院部建筑(如图1-1所示),它在物质上要能够容纳中国工程院机关办公、院士学术交流、院士短时间休息的需求,在精神上要能够给人们一种端庄、学术氛围和舒

图1-1　中国工程院在北京德胜门外的新院址

适的感觉。许多管理制度，不仅要达到某个社会目标，也要使得被管理的人群精神愉快；精神愉快反过来会大大提高管理的效能，使其能更快更好地达到期望的社会目标。我国的高速铁路，列车运行能够达到每小时380公里或者更高的速度，但是速度与能耗的平方成比例，速度高了，票价也就高了，愿意乘坐的人少了，结果只好将速度降下来。这是物质功能达到了，但是社会功能并没有完全达到，导致竞争不能完胜。这是设计不正确使得创新未能达到原来目标的例子。

再讲讲此前未曾用过的办法。更准确地讲，应该说是此前未曾用过的知识，知识比办法（技术、技巧、技艺）具有更广泛的内涵。这里说的此前未曾用过的知识，有别于尚未被认识的客观规律，这是很明显的。前者是指已经认识，但在满足所期望的需求中尚未被应用过。既然需要的功能多种多样，日新月异；有可能使这些需求得到满足的知识遍布各个不同领域，以不同的形态存在；而采用不同知识满足不同需求的方法（也是一种知识），更是无法枚举，诚所谓：八仙过海，各显神通。这里要说的是，满足物质功能、精神功能、社会功能这些不同功能需求的设计，其间往往有很大不同。在漫长的社会、文化、科学和技术发展过程中，形成了不同的设计理论和方法，甚至连所用的表达方式也各不相同，或者同一名词却被赋予了不同的内涵。比如在物质功能为主事物的制作中，由于大多已经工业化生产，成为有众多参与者和较大投入的规模行为，稍有差错，就导致严重后果，于是形成了一类比较刻板的设计过程。而精神功能事物的制作，依赖的主要是个人隐性知识，其设计的竞争力依赖于灵感，依赖于创意，设计所遵循的是另一类理论和方法。社会功能事物，其特点是与人群的物质、精神活动相互作用相关，效果往往要经过长时期以后才能够显现。因此更有不同的设计理论和方法。比如发生在我国20世纪末大规模扩大普通高校规模的教育发展政策，其后果往往要经过几代人以后才能够被人们看清楚。这类事物的设计，既不能用工程设计的理论和方法，也不能用艺术创作的理论和方法。

所以在不同场合，看到不同的设计，看到对设计的不同解释，看到不同的设计理论和方法，看到都在讲设计，而讲的不是一回事，或者讲的是相同的设计，却用了不同的表达方式，等等，不必感到奇怪。但是，设计既然是人类一切有目的活动的起点，必然有其共同的规律。这些共同规律对于不论是物质功能事物、精神功能事物或者社会功能事物的设计者，都需要深刻地理解和有意识地加以运用。这些共同规律是所有设计都需要严格遵守的，违反则必失败。如前所述，多数事物都有两方面或者三方面功能，有的功能可能是潜在的，不用心去研究，就看不清楚。但是当事物制作成功并投入应用以后，它将自动发生作用，从而造成不可收拾的后果。例如有些食品添加剂，原来的设计是为了增加食品美味，给人以精神上的享受，但是它的物质功能伤害肌体，致癌或者影响生育能力，这就是设计上只注意了一方面的功能，而忽视了另一方面的功能，结果出了问题。为了引起设计者的注意，有时将可能产生的非目的功能写入约束条件，以避免发生差错。约束条件与功能有时是可以互易的。提出设计的共同规律这个命题，是为了让设计师能够以一个更科学的态度来对待设计，让设计进行得更符合客观规律，从而使设计的结果更具有竞争力。

随着人类生活和生产水平提高，对于任何新事物，都会提出越来越多方面的要求，而社会上不同人群，在每个方面上的期望，也会有很大差异，这个不可逆转的趋势是很明显的。上面讲到在不同场合看到的不同设计，是在漫长社会、文化、科学和技术发展过程中，主要是为了满足某一方面的功能需求，形成了具有不同偏向的设计理论和方法。如果称之为传统设计，那么现代设计就需要对所设计的新事物各方面的功能和约束条件有全面的考虑并做出正确处理。关于传统设计和现代设计的区别，在后面还有更进一步讨论。

在创新已经成为立国之本，已经变得如此重要的今天，既然正确设计是成功创新的先决条件，探求设计的共同规律，探求如何通过正确设计保证创新成功，应该提到议事日程上了。本书的另一个目标是：希望给予读者一个可以用一般规律看待不同领域、不同行业、不同性质创新与设计的启示。

附带说明，上述目标不是可以一蹴而成的。因此本书后续各章中，因为作者不同，对一个问题不同作者有时会有不同的说法。正因为看到这是一个学科发展中不可回避的过程，本书接受这种现象的存在，但是提醒读者自己去思考这些不同说法。另外，本书作者都是从事工程技术方面的工作，虽然力图将创新思维和现代设计拓展到所有的功能方面，但是大部分举例还是工程技术方面的问题。希望读者根据书中论述的原理，将它们举一反三应用到其他所有的创新与设计问题。

本章主要以制造业中的创新与设计问题为例展开讨论。制造业是国家的支柱产业，相当长时期中，是国家 GDP 的主要来源和解决就业问题的出路。制造业中的问题,可以折射出其他方面问题的思考。

第一节 为什么要创新?

1. 我国制造业的形势和发展

中国现在是一个制造大国,全球制造业的大公司,多数都把它们的一些制造厂转移到了中国,世界各地市场上到处可以看到"中国制造(Made in China)"的产品。曾几何时,中国人还一直为没有中国制造的产品遗憾,这个时代已经过去了。从 1979 年到 2004 年,中国 GDP 的年平均增长为 9.6%,制造业的贡献在三分之一以上[1]。出口额中制造业也有相当大的比重,根据海关总署发布的数据,2007 年上半年仅仅机电产品出口就占出口总值的 56.7%;原则上讲,材料、轻工产品和日用品都属于制造业范畴,如果把这些都算上,那就是绝大部分了。

不论我们祖先曾经创造了多少古代文明,曾经有过多么先进的制造技术,发明了造纸、火药、指南针。也不论早在 1405 年,一支由 260 多艘海船组成的庞大船队,就在郑和带领下,载着 2 万多人,航行 13 万多海里,向沿途 30 多个国家和地区显示了中国造船业的强大;直到 87 年以后,哥伦布才带着 3 艘小型的轻快帆船和 87 人,开始了西方国家的第一次远航。但是我国近代制造业,也就是近代工业,则是萌生于 19 世纪中叶。那时我们的制造技术,已经远远不能与先进国家相比,洋枪、洋炮、洋船、洋火(火柴)、洋油(点灯的煤油)都从国外引进。当时的满清政府在鸦片战争等对外作战屡屡惨败以后,一部分人开始认识到一味从国外求购"坚船利炮"不是办法,于是有"机器制造一事,为今日御侮之资,自强之本"的说法。1865 年,作为先后成立的 40 多个兵工厂中最有代表性的、也是最大的江南机器制造总局(即现在的江南造船厂)在上海成立[2]。中国的第一个炼钢炉、第一炉钢、第一艘机动兵船、第一尊后膛钢炮、第一磅无烟火药、第一艘万吨轮船都是在这里诞生的,因此有"中国第一厂"的称号。自那时以后,在一个半世纪中,无数中国人本着一味从国外求购"坚船利炮"不是办法的认识,为实现"机器制造一事,为今日御侮之资,自强之本",实现有自己的强大的制造业的期望,前赴后继。在这期间,又实现了许多新的第一,如第一个人造地球卫星、第一颗原子弹和氢弹、第一辆从流水生产线上下来的汽车、第一台万吨水压机、第一艘核潜艇、第一套 200MW 汽轮发电机组、第一艘载人飞船等。但是当中国为所有这些第一庆贺的时候,不能不想到,所有这些第一,都比国外落后一个相位。例如,当我们拼命追赶,生产出自己的电站亚临界发电机组时,国外已经有了超临界发电机组;当我们引进了超临界发电机组技术,努力消化吸收投入生产时,国外又出了超超临界发电机组。一个不争的事实是,那些世界各地市场上"中国制造"的产品,大多不是中国的品牌;现在城市里满街道跑的汽车,大多也不是中国品牌。如图 1-2 所示在上海制造的通用轿车,这种例子,不胜枚举。中国实现了制造大国的期望,但是中国还远远

图 1-2 上海制造的通用轿车

不是制造强国。为什么这么多人经过一个半世纪奋斗;中国的制造业还不能"强"?中国是在什么条件下变成了制造大国?为什么中国变成了制造大国,却没有变成制造强国?又是什么条件使中国不能成为制造强国?所有这一切,难道不值得深入思考和研究?如果不总结经验、教训,不找到正确的解决方法,也许再过一个半世纪,一个强制造业的期望,仍旧不能实现。

这是一个很复杂的问题,有历史的原因,也有现实的原因。本书只能主要从技术层面来讨论问题,而且将主要关注现在的问题而不是过去的历史。

从"中国第一厂"成立到 1949 年全国解放,在接近一个世纪的时间中,中国经历了满清帝国崩溃、民国初期军阀混战、抵抗日本侵略八年抗战和其后的解放战争。国家不统一,封建、半封建、半殖民地的政治制度,当然没有实现强大制造业期望的可能。1949 年钢产量只有 15.8 万吨/年,人均量约为 300 克,不够打一把菜刀,制造业近乎空白。1949 年到 1979 年,国家统一了,政府也集中很大力量发展经济。但是西方出于政治偏见对中国实行严厉的经济和技术封锁,工业发展需要的技术唯一外源只有苏联,后来也中断了。这时国家高度重视独立自主、自力更生和赶超世界先进水平,在 30 年的时间中,经过几代人艰苦奋斗,从无到有,从轻工业到重工业,从民用工业到国防工业,从知识积累到人才培养,都有了相当规模,形成了一个较为完整的工业体系。但是国家关于如何发展经济,如何在技术上赶超,认识还不成熟,也不稳定,特别是因为被排除在国际合作的

队列之外，不甚了解形势的变化和发展，没有能够跟上世界经济和技术发展的主流，没有成为制造强国，不能不说是有其必然性。1979 年前后，西方封锁逐渐放松，中国开始实行改革开放政策，政治稳定，发展经济被提高到前所未有的地位，工业发达国家开始大规模对中国投资。2001 年中国加入 WTO，标志正式加入了这个全球经济发展的俱乐部，中国在一个新的游戏规则下开始新一轮的搏斗，在四分之一世纪中，变成了一个制造大国。但是，中国还不是一个制造强国，而且在高速发展中又产生了许多新的矛盾，如环境破坏，能源紧张，工业生产事故频发，贸易摩擦愈演愈烈和国内贫富差距越来越大。这究竟是什么原由呢？

当然可以说出很多原由，从经济、技术封闭环境到经济、技术开放环境所产生的冲击，从计划经济对技术的管理到市场经济对技术的管理所产生的冲击，因为没有经验必须摸着石头过河的学费等，但是这些都是表面现象描述，没有说出问题的本质原因以及其解决方案。

鉴于设计是一切制作行为的起点，所以从"设计"在制造业中的现状来分析研究问题的内在规律并寻求解决方案，本来是顺理成章的事。但是事实并非如此，设计从来都没有站到它应有的位置上，在国家关于制造业发展的讨论和规划中，"设计"两个字总是出现在不显眼的地方，有时就根本找不到。到很多企业去参观，总工程师们总是带你去看他们有什么高级的加工设备，能加工什么、能做什么难以加工的零部件，能够做多么大、多么重的东西，炫耀他们的加工能力。很少有人向你介绍他们在产品设计方面的能力，介绍支持产品设计的知识获取手段，如实验室、分析软件、知识库和知识管理，几乎没有人向你介绍什么是他们自己研发并占有了世界市场的产品。可以看出在他们的观念中，能够照猫画虎地把东西做出来，就是他们的追求和骄傲。说明中国的制造业还看不到设计竞争是制造业中一种更高层次的竞争，看不到创新是设计的灵魂。这不能不说是前一个半世纪历程带给人们精神上的缺失，也是文化中遗憾的地方。本书的任务，就是要揭示设计竞争在制造业竞争中的地位，设计对于从制造大国变成制造强国的意义，创新对于设计的意义，使读者能够正确认识制造业发展的内在规律和如何抓住设计竞争这个解决问题的关键。

2. 从以规模竞争取胜到以创新竞争取胜

前面说过，万物都是在竞争中存在和发展的。制造业的使命是为社会提供产品，但是这个使命也只有它的产品在市场上竞争取胜以后，才得以完成。在经济全球化的形势下，这个道理越来越显示出它的力量。由于技术发展，全球对于一种产品制造能力的总量往往很快就超过了全球对于该产品的需求。这就导致了竞争：先进得以生存和发展，而后进则难逃淘汰命运。表面上看起来这是一个很简单，甚至不需要讲的道理，但是做起来，却各有各的理解。

首先来看经济上的不同理解。

竞争取胜的主要方式，在制造业不同的发展时期是不同的。如果取世纪变化作为一个大致的时间分隔，可以认为 20 世纪及以前的制造业主要是依靠规模竞争取胜，在这个阶段，规模提高效率，降低成本，有更大的竞争力，产能过剩还没有成为频发的问题；而 21 世纪以及此后的制造业则需要主要依靠创新竞争取胜。变化的原因是技术快速进步使得依靠规模竞争取胜的制造业产能增长越来越快，直至很快发展到过剩。如果说，1949 年中国的钢产量是 15.8 万吨，那么到 2010 年，中国的钢产量已经达到 6.3 亿吨，占世界总产量的 44.3%。同时规模竞争需要廉价的劳动力、廉价的资源、廉价的环境污染代价，这些都使得产能增加的回报越来越小，竞争取胜的空间越来越小，比如中国钢铁企业的利润率 2010 年只有 2.91%。于是制造业发达国家的企业产生了一种强烈愿望，纷纷将企业中自然资源密集、劳动密集、需要规模和污染严重的部分迁移到制造业欠发达国家，而将智力资源密集、创新密集、不依赖规模和没有污染问题的研发和设计部门留在本土。当然这些迁移并不是为了施惠于欠发达国家，而是他们实现利润最大化的全球供应链中的一个环节而已。所以中国钢产量的急剧增加，并不是偶然的。

中国在改革开放初期，大型国营企业正在经历向市场经济转变的阵痛，遍地开花的私营企业刚刚起步，积累资本是他们的主要任务，一个庞大的贫穷的农民群体正在等待出卖劳动力，而资源和环境问题还来不及关注。在历经 20 世纪中叶的种种变迁之际，以创新竞争取胜是没有什么机会的，于是就形成了一个时期伴随成为世界车间的中国的经济，包括制造业，在低水平上的高速发展。

在认识到贫穷不是社会主义以后，中国迫切需要发展经济。依赖出口自然就成为经济增长的重要方式。

图 1-3 和图 1-4 给出两个典型的依赖出口实现经济增长的例子。图 1-3 说的是世界著名鼠标制造商罗技公司，由美国与瑞士合资，总部在美国加州。它

在中国苏州有一个工厂,每年要向美国出口2 000万只无线鼠标。苏州的工厂有大约4 000名员工,外加土地、厂房、能源消耗、运输和管理[3]。由图1-3可以看到,在美国售价40美元的鼠标,苏州工厂只拿到3美元。图1-4是又一个例子。在美国售价190美元的30 GB视频iPod,在中国组装和测试,中国的工厂仅拿到4美元。从外贸上看,少出口一台iPod,外贸就减少150美元,但是里面只有4美元是中国的[4]。评论认为,这是当今全球经济的一个缩影。实际上这也是依赖出口实现经济增长的中国经济的一个缩影。再举一个玩具制造业的例子,一个芭比娃娃,在中国的出厂价是1美元,在美国沃尔玛(超市)的零售价则是9.99美元。那1美元中,原料占65%,生产占35%,利润充其量只有几个美分。我们的剥削劳工、破坏环境、消费资源的制造业每创造1美元价值,就替美国创造了9倍的价值。玩具本身并没有很多技术含量,只要有出色的创意,就可以形成自己的竞争力,但是却没有改变这种状态。对比苹果公司在2001年10月推出了iPod,2007年6月推出了iPhone,2010年4月又推出了iPad,导致全世

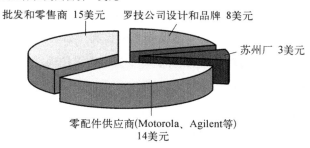

该鼠标在美国售价40美元

批发和零售商 15美元　　罗技公司设计和品牌 8美元

苏州厂 3美元

零配件供应商(Motorola、Agilent等)
14美元

图1-3　罗技公司苏州工厂生产每个鼠标回报的份额

190美元的30GB视频 iPod产品收入分配	在美国销售		在美国之外销售	
价值链	苹果公司	其他企业	苹果公司	其他企业
苹果公司的毛利(设计开发、软件、市场品牌)	$76		$76	
器件供应		$35		$35
制造(组装、测试)		$4		$4
分销		$30		$30
零售	$23	$22	$11	$34
总收入	$99	$91	$87	$103

图1-4　为苹果公司在中国制造一台iPod回报的份额

界狂购的热潮,与其创新态势相比,显然中国是处在竞争的完全劣势地位。这样的经济增长,不仅是以大量的土地占用、能源消耗、环境污染为代价,是不可持续的,而且有13亿人口作为分母的中国人,也不可能真正富裕。

长期实施计划经济的经验和成熟的计划经济架构,依赖国家投资理所当然也是经济增长的重要选择,特别是在全球金融危机爆发,出口锐减之际。

靠投资拉动经济增长,是一种规模竞争的发展。在一定时期内,为国家在许多方面的发展滞后补课,是必要的。补课,当然是以模仿为主。投资拉动的一种情况是基本建设,收回投资周期很长,有的甚至是不能回收;另一种是生产性的,大规模模仿使得后进产能很快过剩,利润空间越来越小,最终变成负利润,而过度消耗土地和资源,严重污染环境,但是却不能在多大程度上支持创新竞争力的提高。前面讲到的高速铁路,投资估计为8 000亿(长江三峡投资约2 000亿)元人民币,由于人们出行有很多替代选择,结果乘客严重不足,什么时候能够收回投资,还很难估计。

依赖出口和投资拉动,都不能有效提高国民的购买力。扩大内需,一方面要所设计的产品能够在满足国内不同人群需求上更有竞争力,要有自己的设计竞争力;另一方面更为重要的是要有国民收入的提高。如果占人口大多数的人群收入低微,买不起想买的东西,怎么可能转变为由内需拉动经济发展? 如果不能很快转变为内需拉动,一旦国外用贸易壁垒,货币贬值,技术封锁进行要挟,经济和技术上都受制于人。表面上GDP值在世界上居于前列,但是竞争力很弱。

再来看思维方式方面的不同理解。

规模竞争取胜和创新竞争取胜,在一定条件下是相互制约的。

创新总是在点上发生的。这个论点是否成立,还可以讨论。人类总是在继承中发展,按照本章给出的创新定义和创新与模仿的界定,大规模排除继承的发展是不可能的。不论一个创新是在多么大的规模上实施,比如一些人经常乐道的集成创新,其实质性变化,也往往只是一些点,当然可以有牵一发而动全身的效果。如果连这些实质性变化的点也不存在,一个没有创新的集成,是没有竞争力的。比如发生在20世纪末的中国高等学校大规模并校,产生了一大批大而全的综合性大学,因为在集成中并没有什么创新的点,许多学校不仅没有形成新的学术优势和教学优势,甚至连原来的特色也消失了。拿工业产品来说,新技术多在中小企业产生,大企业的新技术,也产生于一个个小的团队。文学、艺术创作更是如此。创新总是在需要满足和不能满足某个需求而无可继承的矛盾中进行的，只有当矛盾发展到足够清晰和集中时，才有可能尝试此前未曾用过的知识并取得成功。日本9级地震并引起海啸和核泄漏使得一些零部件生产受到影响，结果中国的汽车、家电生产企业就发生困难。从这里可以看到，点上的技术有时是关键性的，而且制造业发达国家不仅将研发和设计部门留在本土，还将一些关键零部件生产留在本土，因为这些零部件中有其创新的精华。还可以从图1-3和图1-4中看到，当苏州工厂生产一个鼠标拿3美元的时候，零部件供应商拿14美元；当中国组装一个iPod拿4美元的时候，零部件供应商拿14美元。这些都说明，零部件中有一些独到的创新，满足于集成则不能产生这些创新。

但是一个点上的变化，如果要改变投入许多人力物力发展起来的规模，当然不是规模发展推动者所乐意的，这就是他们常常把新技术买来锁进保险箱，自己不用也不让别人用，不到这个规模已经无利可图时，是不愿意轻易改变已经发展起来的规模的。规模发展，不喜欢变化，创新则要求变革，否则就不成其为创新。计划经济是一种规模发展的思维，创新则要求想人所不想，见人所不见，为人所不为，因而是不能计划的，只有规模发展可以计划。垄断发展也是一种规模发展的思维，自顶至底的管理，也是规模发展的思维。如前所述，国家发展滞后需要补课，不能没有规模发展。上面的讨论，是为了阐明规模竞争取胜和创新竞争取胜之间的矛盾，在这创新竞争取胜的大环境里，国家虽然不能没有规模发展，但是制定政策时要为创新留下必要和充分的空间，否则建立创新型国家将只能是一个口号。

由于在一个半世纪里经济和技术上的落后，特别是20世纪受到大约30年的封锁，中国人思想上有一个挥之不去的阴影，就是只求拥有，不求竞争，也不认为需要竞争。许多产品，都是通过所谓"测绘"而形成设计的，现在它有一个好听的名称，叫作"反求工程"。实际上就是把人家的产品拆散，各个零部件尺寸一量，照猫画虎，就做出来了。随着技术的进步，现在也有许多非常高级的反求工具。如果把反求应用于了解竞争对手，本来是一个重要的设计技术。但是靠反求照猫画虎，是做不成虎的。不要讲侵犯了别人的知识产权，导致产权纷争，而且不知道猫和虎的内在差别，没有实现虎的性能的技术，就做不出虎来。甚至连猫也做不出来，因为形成猫的性能的许多技术，不是表现在外形上，从形状上是掌握不了这些技术的。在"有了就行"思想主导下，出现了"填补空白"的任务。

试看每年评出的国家科技进步奖,不是很多都是基于填补空白所作出的"贡献"吗? 现在形势变了,只要有钱,各种猫都可以买到,有的虎也可以买到。所以一部分奖实际上是评给那些用国家钱去买猫的人,连反求也不必做。当然人家在很多情况下不会把正当壮年的虎卖给你,特别是不会把繁殖虎的关键技术卖给你。你买到的至多是一只衰老的虎,或者仅仅是一只猫和养猫的技术,但是却需要付出高昂的代价。一位外国大公司总裁在上海说得很清楚:"我们不会把技术卖给我们的竞争对手。"所以这样的填补空白,怎么能够使国家科技进步呢? 所谓"引进、消化、吸收、再创新",引进是现实的,你争我夺,争到钱来填补空白就能够得奖;因为政策不具体,消化、吸收、再创新是虚的,是将来的事,与我无关。事实表明,人家卖给你的是猫或者是已经衰老的虎,没有等到你再创新,另一只年轻力壮的虎又出来了,你的猫或者已经衰老的虎又打不过他的虎,只能再用高价去买。所以填补空白的口号实际上是缺乏竞争意识的表现。"填补空白"和"竞争取胜"是两种完全不同的设计理念。这是历史、文化对思维方式的影响。

从以上的分析可以看到,能不能很快将经济发展方式从规模竞争转变为创新竞争,关系到国家在世界上的竞争力和国民是否能够真正富裕起来,关系到是否能够真正实现经济发展方式转变。

第二节　什么是现代设计?

1. 现代设计的基本属性

前节讲过,现代设计需要对所设计新事物的物质功能、精神功能和社会功能以及约束条件有全面的考虑并做出正确处理。所谓正确处理,应当理解为在全生命周期中满足需求、约束条件和能够竞争取胜。既然制造业的竞争以世纪更迭为界从规模竞争取胜变为以创新竞争取胜,成功创新必须有正确的设计,所以说,设计是制造业的灵魂。制造业竞争取胜的视角不同,对设计的要求也必然不同,现代设计具有鲜明的时代特征,但是绝不能认为"现代"两字仅仅是时间的描述。有的著作认为采用了时尚的软件工具,新颖的算法或者有了优化、可靠性[5]、六西格玛设计等就是现代设计,这种观点也是不全面的。现代设计具有与传统设计不同的观念、视角和时代特征,因而将会有不同的理论体系、方法体系和在此基础上产生的许多新的工具,但是现代设计兼收并蓄此前所有的知识、方法和工具,并在适当的地方使用它们。

现代设计可以归纳为具有三个基本属性:① 竞争性;② 以知识为基础和以新知识获取为中心;③ 对分布式智力资源的依赖性。现在分别讨论如下。

1) 竞争性

说的是一个设计是否成功,不能以其功能是否实现和处理技法上是否正确为依据,而是以由设计制作的事物在竞争中是否能够取胜为依据。如果一个设计,根据它制作的事物满足了预期需求,也满足约束条件的要求,但是在与由另一个设计制作出来的事物竞争中失败,那么这个设计是失败的。前面说过,制造业的使命是为社会提供产品,但是这个使命只有产品在市场上竞争取胜以后,才得以完成。如果产品卖不出去,不仅不能贡献社会,反而浪费了社会的资源。传统观念认为,一个设计只要在技术上成立或者物理上没有错误,特别是所设计的产品已经成功制作出来,实现了预期的要求,这个设计就是成功的,因此认为设计是一个技术活。但是如果由此制作出来的产品在市场上卖不出去,那么这个成功又有什么意义呢?所以现代设计认为,上述设计是失败的。

依靠什么竞争?文献[6]指出,组成产品竞争力的要素很多,比较重要的有:功能、质量(功能实现及保持性的度量)、价格(全成本、效益)、交货期、售后服务(维修、升级、培训)、环境(含人、机)相容性、营销活动。

现代设计理论[7]定义:产品的性能是功能和质量的总和。功能是竞争力最重要的要素。用户购买某个产品,首先是购买它的功能,也就是其实现所需的某种行为的能力,可以由输入与输出的关系进行定量描述。质量则是产品功能在全生命周期中偏差的度量。虽然上述诸要素的任何一个或几个都能在提高竞争力方面大显身手,但是对于一个企业品牌的竞争力来说,产品性能起着根本和长远的作用。文献[8]的观点:"德国产品比其他国家的贵,在世界市场上不容易卖。但我们的目标决不能是生产便宜的产品以增强竞争力,而应当是生产别人所不能生产的产品。"这个观点对于希望创名牌的企业,十分重要。例如,中国的三鹿乳业集团所生产的三鹿牌奶粉,用添加三聚氰胺来降低成本,获得巨大利润并迅速扩张,但是饮用这种奶粉导致婴幼儿得了肾结石等病患,不仅有关人员受到严厉的刑事制裁,企业也就此倒闭。有一些中药,在疗效上没有科学依据,靠大牌明星在电视上做广告促进营销,从根本和长远看,是不可能有竞争力的。药品在电视上由明星做广告,是中国特色。所谓别人不能生产的产品,就是前面讨论的满足现在不能满足的需求,特别是功能上的需求,这就要创新。有人喜欢说"创新设计"这个词,在他们心目中,还有"不创新"的设计。不创新的设计,没有引入此前未曾用过的知识,不能满足新的功能和质量需求的设计,没有竞争力。现代设计认为:创新是设计的灵魂。

"中国制造"能够这样高速发展,说明中国的制造业不是没有竞争力。但是这个竞争力来源于廉价劳动力、廉价资源(包括土地、建筑、原料、能源)和廉价的环境污染,或者说,来源于低成本的竞争力。竞争结果是工业发达国家企业都把制造厂搬到中国,然后又将产品卖到全世界去赚钱,中国变成了世界的车间。依靠这种低成本竞争力要素来竞争的结果是很残酷的。比如,江南著名的风景地太湖,过去有一首歌,唱的是:"太湖美,太湖水,……"。但是现在太湖已经被严重污染。2007 年上半年,曾经发生太湖水质坏到使无锡市断水数天的事故。能源需求激发疯狂开采,导致矿难不断,于是有所谓"血染的煤"的说法。二氧化碳排放量,中国已经位居世界第二,仅次于美国。这样的经济发展,显然不可持续。而且一旦工资提高,能源和原材料涨价,人民币升值,政府对环境的控制收紧,或者是外国政府征收高额进口税实施贸易保护,这种竞争优势很快就会失去。

现代设计的竞争属性,说明只有经过设计,才能采用此前未曾用过的知识,满足现在不能满足的需求。设计是一条将未能满足的需求和未曾用过的知识联系在一起的纽带。没有设计,未能满足需求和未曾用过知识的结合是不可能的;只有正确设计,才有成功创新。

现在不能满足的需求,可能有很多。但是构成设计竞争力的主要方面,即现代设计首先要关注的是满足功能方面的需求。没有功能,就没有产品。约束条件是必须满足的,但是要在实现功能的前提下满足,没有功能也就不需要满足约束条件了。比如,汽车要满足排放法规的要求,对于排放的限制也越来越严厉,但是用户不会为了满足排放法规要求去买车,不开车就没有排放问题。质量是功能保持性的度量,也是对设计竞争力的一种检验。德国的产品之所以誉满全球,不能不归功于其高超的质量。但是,无论如何,质量总是从属于功能;没有功能,就没有质量。

中国曾经在很长一个时期在全国强调产品的质量,推行所谓的全面质量控制(TQC),希望把东西"做"得尽可能地好,这是引进的概念,主要来自日本。因为照猫画虎和填补空白是中国制造业的文化和追求，自然就将注意力完全放在"做"字上面，也就是加工和对加工的管理。其实即使百分之百"做"得和人家一样，也只是一只猫，并不能形成全球经济一体化时代的竞争力。同样做一只猫，也可以有不同办法，设计阶段一项重要任务就是选择最能够达到要求的方法来实现需要的性能。单纯追求照猫画虎地"做"的质量使得失去选择最适合自己的方法达到目标的机会。比如，加工某一个模仿国外技术的零件，有两种选择：一是买国外用的加工机床和国外的工艺技术，二是设计一个工艺过程用自己的机床和自己的技术加工。许多企业都是选择前一种方案。其实在20世纪80年代，许多日本学者都在反思日本追求"做"得好而缺乏性能创新意识的问题，中国却大张旗鼓地追随别人正在反思的足迹。制造业产能过剩，而用户对产品功能的需求又是在不断发展，人们总是追求更好的东西，于是竞争就围绕着谁能够率先发现这些需求，谁能够通过精心设计、生产出满足这些需求的新产品，谁就能取胜。

发现需求，分析需求和选择需求，是实现设计竞争力的非常重要的环节，传统上总是由营销人员来进行这项工作。现代设计则要求由设计工程师会同营销人员来完成[9]。关于需求在设计中的位置，将在第三章中进一步讨论。

2) 以知识为基础和以获取新知识为中心

怎样才能够满足现有产品所不能满足的需求呢？那就是尝试此前没有用过的知识。这些知识是已有知识，只不过在实现所期望的功能中没有被用过，或者虽然用过，但是没有成功，这就是以知识为基础，或者更确切地说是以已有知识为基础。不能设想一个人会没有任何依据地采取行动，人类总是根据自己的认识去做自己认为正确的事。有几点需要说明：其一，已有知识是人类已经认识到的关于自然、社会、人文、技术和工程等各方面客观规律的总和，对于设计所要的某一条知识，设计者本人不一定知道，但是既然有人知道，设计者总可以有办法得到。是否是已有知识，不以设计者本人是否掌握界定。设计者希望得到自己不知道的已有知识，可以在分布式资源环境中通过知识服务解决，这将在后面讨论。其二，已有知识有早已被认识和频繁使用过的和认识不久还较少被使用过的区别。设计中采用后者实现现在不能满足的需求，成功的机会较大，但是这不是绝对的。其三，通常认为新知识是未知的客观规律，获取新知识是科学家的事。但是在设计中有一类客观规律是由设计工程师来获取的，那就是某一知识的新应用是否能够成功的知识，这也是不以人的主观意志为转移的客观规律。采用新方法解决新问题以满足新的需求，是设计的精髓，而得到应用是否成功和如何能够成功的认识，是设计要处理的事务的核心。所以说：现代设计是以获取新知识为中心的。

需要着重说明，设计是以获取新知识为中心的这个思想，传统上并不为人重视，因为中国制造业一直是以引进或者模仿来解决设计问题。但是即使是引进和模仿，因为际遇不同，仍旧会遇到新的问题。由于不承认新知识获取对于设计的重要，东西做出来了，功能和质量都不如人家，即所谓画虎不成反类犬。如果为满足现在不能满足的需求而采用此前未曾用过的知识以参与竞争，不能依赖引进也无可模仿，后果如何，不能由主观来臆断，就必须通过新知识获取来回答上述问题。经常有一种说法，叫作"知识创新"。这可以有两种理解，一种是用知识来创新，这没有什么问题；另一种是对知识进行创新，这就违反了认识论的基本原理。知识是人类对客观规律的认识，只能获取，不能创造。设计是一个主观过程，拟制作的事物还不存在，在这个过程中要预先推测和估计事物的设计生成以后可能遇到的情况和发生的变化，是不容易的。对于以物质功能为主的产品设计，已经有许多方法。如图1-5所示，有市场态势调查，虚拟现实即数字仿真，物理模型试验，样机试验，在用产品功能表现数据采集等。因为要确保全生命周期的功能，即质量稳定，在设计阶段预测使用中功能的变化，是一项严重的

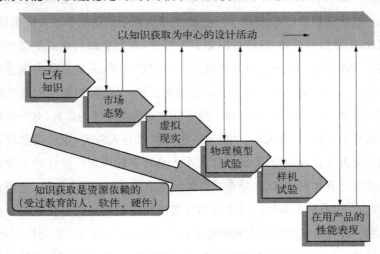

图1-5　各种类型的知识获取

挑战。特别是在漫长的使用期中，在不同的使用环境里，在不同使用水平的用户手里，究竟会发生什么事，实难预料。比如，核电站核反应堆里工作的主冷却泵，要求 60 年安全使用，这 60 年的试验是很难做的。又比如，日本的核电站原来是按照 7.2 级地震设计的，但是 2011 年来了 9 级地震，地震又引发了 14 米浪高的海啸，核电站发生了严重损毁。应付挑战，可能的途径就是从已有事物在使用中功能表现的数据里获取知识，并用这些知识修正仿真和试验的条件。不要忘记，仿真和试验都是基于模型的，而模型则是建立在已有知识基础上的，虽然已有事物与在设计事物（采用此前未曾用过的知识以满足现在不能满足的需求）之间有差别，如果对在各种环境和使用水平上工作的已有事物全生命周期性能仿真与相关试验的结果，与在用事物实测数据相比具有可参考性，那么用这种全生命周期性能仿真技术和相关试验预测在设计事物功能偏差的变化，也就有了可参考性。所以已有产品在使用中功能表现数据的采集和处理，非常重要。所有设计后各个阶段得到的知识，包括加工、装配、存储、运输、使用、维修以及报废后的处理等阶段，称为后设计知识（如图 1-6 上面从右到左的箭头所示）。

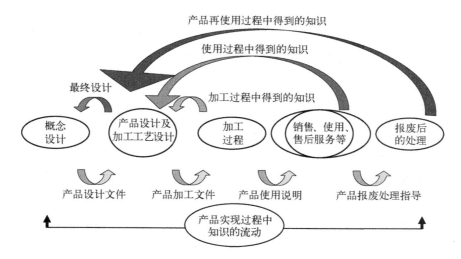

图 1-6　全生命周期设计对后设计知识的依赖

对于以社会功能为主的事物设计，难度更大，往往需要更长时间和更广泛的观察才能看到一个新的设计在实施以后的效果，而且由于不同人群的期望与诉求不同，很难得到满足整个社会需求的设计知识。那些认为知识可以创新的人，靠拍脑袋制定政策，没有不对社会造成严重损害的。

关于设计的一般过程，将在第四章讨论。

3）对分布式智力资源环境的依赖性

现在制造业的竞争就是设计的竞争。文献[10]、[11]对于这一点说得很清楚，其中还讲到，竞争的焦点是：率先引入最新技术，最短研发周期和最小研发成本。第一点已经讨论过了，后面两点也是显而易见。如果几个企业都看到某个新的需求，都开始新产品研发，那么研发周期最短的必定先投放市场，而研发周期长的则失去了商机。由于产品更新的周期越来越短，在研发成本上对企业产生了很大压力，其中包括知识获取资源建设的投入，于是最小研发成本就成了设计竞争的另一个焦点。设计竞争在传统设计中也意味着企业、地区乃至于国家如何应对设计资源建设的竞争。于是就提出了如何既能够充分获取知识但是又不需要过多投入资源建设成本的问题。

设计是有风险的，风险来自两个方面：一是采用新知识在全生命周期中是否真能满足用户对性能的新需求，满足全部约束条件；二是是否能用最小成本在最短期内得到所需要的新知识以完成要制作的事物，在市场上竞争取胜。常常有这样的情况，当为某个设计获取知识的资源而投入资金建设还没有完成时，设计任务就改变了。或者所建成的资源虽然为一个设计获取了所需要的知识，但是以后就没有用了，不仅要继续投入维护费用，而且又要为下一代竞争投入新的资源建设资金。一方面要把事物设计得正确，这取决于在设计阶段能够充分地获取新知识；另一方面则要尽可能少为建设和维护知识获取资源投入资金，这两个要求是矛盾的。一个有趣的例子：20 世纪 60 年代到 80 年代，为了获取大型汽轮发电机组轴承油膜震荡方面的知识，各大汽轮机厂都竞相建设大型轴承试验台，全尺寸的试验台轴承孔径要达到 800 mm 以上，需要一台汽轮机才能够拖动，还需要很大的厂房和辅助设施。仅仅日本的汽轮机厂就建设了大大小小这样的试验台 8 个。到 20 世纪 90 年代，因为油膜震荡问题已经基本解决，这样的试验台在日本一个也找不到了。英国有一个这样的试验台，拥有者愿意用 1 英镑出售给愿意买的人。

解决上述矛盾就成为提高设计竞争力不可回避的重要任务，尤其是像中国这样一个制造企业原来知识获取资源非常贫乏的国家。问题的核心在于如何使已经有的资源得到更充分利用和在更充分利用中得到更好地维护和发展。

知识获取是资源依赖的，这个问题在第五章中还将有更详细的讨论。为了对设计知识获取资源有具体的了解,下面以制造业物质功能为主产品设计中的知识获取资源进行进一步的分析。如图 1-5 所示,即使是已有知识的获取,从由企业内部获取来看,要有完善的知识管理制度、长期积累和知识库;从由企业外部获取来看,要有能够提供知识服务的资源和网络通信条件。新知识获取则更为复杂。关于市场的新知识获取需要有市场信息采集网络和将信息处理为知识的资源,传统企业一般都有自己的销售和维修网络,不过并不具有需求信息采集和知识获取任务。虚拟现实或者称为数字仿真,需要有针对所需目的的仿真软件和相应的硬件条件,更重要的是要有具有仿真能力的人。物理模型试验要具备相应的试验台架,采集参数的传感器,信号传输和处理系统,包括硬件和软件,当然更需要有能够设计、配置、操作试验的人。比如现今世界上最大的客机 A380 设计的时候(如图 1-7 所示),机身的疲劳试验持续了 26 个月,相当于经过47 500 小时飞行后得出的结果,目的就是为了模拟整个飞行周期,模拟飞机在整个服役期内经过增压和减压后的结果,只不过是在更短的时间内完成而已。为了达到这一目的,飞机必须装在由 1 800 吨钢制成的试验台上,并配备有特制的液压和气压加载设备。为期四周的地面震动测试,大约有 900 个加速度传感器分别安放于飞机的升力面、舱面、发动机、各种系统和起落架上。超过 20 个激

图 1-7 现今世界上最大的客机 A380

振器迫使飞机进行振动。样机试验更需要有与使用工况相同的试验场,比如汽车制造企业的跑车场,场内的路面模拟实际上可能遇到的各种路面。有的可能更坏,以强化试验。飞机样机就只能在天上飞了,A380样机要进行1 000小时的飞行测试,才能最终取得飞行认证。

采集在用户手上正在使用产品的功能表现数据,更为复杂,尤其是采集移动设备的数据,涉及如何将在任何地方任何时刻产品运行中采集到的数据传输到产品设计部门。无线传输常常是首选的技术,也可以将数据存放在移动设备上的磁卡里,由专用设备定期读取,集中传输到设计部门。正在使用的产品,其功能变化数据采集和传输到生产企业,还有另外的意义,即企业可以从数据变化预测产品可能需要维修,并提前做好准备,到产品所在地进行主动维修,在售后服务上提高竞争力。对于设计,这更是非常重要的后设计知识来源,它可以与设计时的预测进行核对,修正使用全生命周期性能数字样机对功能衰退进行仿真估计的误差,获取如何能够更准确利用这个全生命周期性能数字样机的新知识。

2. 知识获取资源结构在竞争中的变化

要确保全生命周期的功能,即质量稳定,在设计阶段预测产品使用中功能的变化,需要大量知识获取资源。前面已经分析过,由于竞争的另外两个焦点:最短研发周期和最小研发成本,企业完全依靠自己力量来准备这些资源,已经越来越不可能了。竞争的压力迫使设计的资源从垂直结构(如图1-8所示)向水平结构变化(如图1-9所示),也就是从原来设计知识获取所需要的资源大部分在设计实体内部,通常是在企业的研发中心里,转变成在很大程度上要依赖企业外的资源。有一项统计[12]表明,现在制造业的开发活动中有40%～70%是依赖外源(外部供应商、合同制造商、合同设计服务公

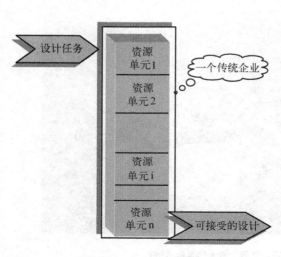

图1-8　企业的垂直资源结构

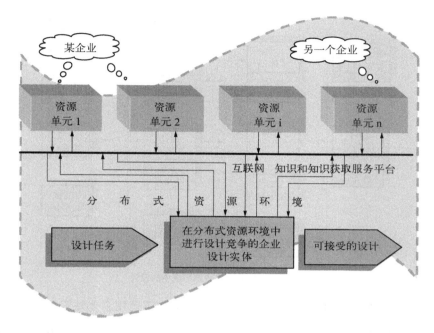

图 1 - 9　分布式资源结构

司）。这是一个很大的变化，不仅这些资源在地理上是分布的，更复杂的是它们从属于不同的拥有者，与原来设计实体可以根据自己意愿来调配设计资源不同，现在则必须与各个资源的拥有者协调利益。在垂直资源结构中，竞争的实力表现在企业内资源建设、发展和应用上；在水平资源结构中，竞争的实力更多表现在运用企业外资源的能力上。这就决定了现代设计的第三个属性：对分布式资源环境的依赖性。如果现在还把注意力仅仅集中在建设和发展自己的资源，而不能转移到应用分布式资源环境提供的条件来获取新知识，来提高自己的竞争实力，就必然会在竞争中落败。包括世界上许多如美国 NASA 这样的大企业，都持如是观点[10]、[11]。图 1 - 10 是在分布式资源环境中的设计，显示了设计实体和资源单元之间的请求知识和知识获取服务和提供知识和知识获取服务的关系。

中国的制造企业认识这一点尤其重要。投身设计竞争需要有精神和物质两方面条件，精神方面是竞争的意识和创新思维：包括对现代设计竞争属性的认识，创新成功和正确设计关系的认识，竞争意愿，组织竞争的能力和承受风险的心理准备；物质方面则是竞争的实力，主要是资本积累和知识获取资源，这里不

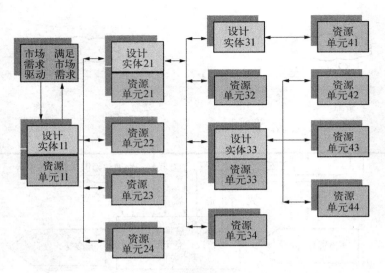

图 1 - 10　在分布式资源环境中的设计

讨论资本积累,而是把注意放在现有资本积累规模下运用企业外资源的条件和企业外可以被利用资源的状态。自主创新要以企业为主体,首先要求企业有竞争意识,如果企业不愿意参与设计竞争,其他一切都是空话,在市场经济条件下,竞争是不能强迫的。政府首要的工作就是从一切可能方面去培育和引导企业产品设计的竞争意识:包括政策上,经济上,教育上和文化上,尽量避免做伤害这种意识的事。至于竞争实力,则不应当强调依赖企业内部研发中心的发展,资本、时间和空间都已经不允许中国企业重复这条老路。文献[10]、[11]认为设计竞争取胜,需要建立一个"先进工程环境(Advanced Engineering Environments)",这是工业发达国家在其企业内部已经有长期发展的研发中心(R & D Center)条件下说的话。事实上,多年竞争结果,这些企业早已经大规模利用企业外资源[12],而且在企业周围也已经存在大量资源,但是这还不是先进工程环境。竞争不能照猫画虎,解决企业设计竞争实力中的资源问题,只能研究和借鉴别人经验,认识发展的态势,率先走一条别人没有走过、但是适合自己的路。迄今为止的产学研结合,是一顶外来的帽子,戴在从 20 世纪 50 年代沿用至今的一种模式的头上,事实证明它并没有消除制造企业在产品设计竞争中实力不足的忧虑,同时大量潜在的资源因为没有被利用而成为浪费。不能用计划经济的思维来理解产学研结合,总想用自顶至底的措施或项目措施把双方捆绑在一起。文献[13]给生命系统下的定义："生命系统是由物质和能量构成并由信息将它们组织起来。"这里用信息而没有用骨骼、肌肉或其他什么物质结构将它们组织起来的观点，非常值得深思。分布式资源环境就是以信息将设计实体和资源单元联系在一起进行设计的产学研结合模式。它和先进工程环境研究的不同之处是：前者从中国的实际出发，注意分布的资源单元的生成、生存和发展条件。中国现在能够支持产品设计竞争的企业外合格的资源还很少，中国企业除掉沿用至今的产学研模式以外，还没有其他经验。这种模式与现在设计竞争的焦点，与现在的技术发展水平并无共同之处。需要研究适合中国企业的模式，需要研究分布式资源环境的形成和运行规律，同时还必须有与之相适应的设计理论和设计方法，而先进工程环境研究则还没有提到这些内容。分布式资源环境中的设计如图 1-10 所示。

许多工业工程领域的研究讨论动态联盟，他们注意力集中在加工上而不是在设计上。加工装备以及在加工一种零部件时各个装备之间的相互关系是相对稳定的，这种联盟在一项任务确定后就形成了，在任务进行过程中资源协同的拓扑结构不再变化。但是设计则不然，当测试中某一个解决方案被否决而需要替换为另一个方案时，联盟中的部分成员就会同时被替换。对于设计来说，需要一种更为灵活的合作模式。

一种正在研究和推行的模式称为"知识服务"[14]，它的特点可以归纳为：充分利用信息技术的成果，尽可能做到即插即用，服务请求方和提供方双向选择（竞争），一个提供方可以同时为多个请求方服务，一个请求方也可以要求多个提供方提供服务。所以分布式资源环境和上述的动态联盟是不同的模式，前者没有任何地域、国家、行业和集团的限制，只是请求方和提供方之间在一项服务上的双边关系；后者则局限于联盟内部的合作，甚至存在与其他联盟的竞争。知识服务模式更加适应知识不断更新，市场竞争和全球经济一体化的态势。

现在制造业的竞争是设计的竞争，创新不能离开设计。研究现代设计，掌握和应用现代设计的这些特征是当前制造业发展至关重要的命题。

第三节　现代设计与信息技术

信息化是一个广泛流行的口号，但是对它内涵的认识却并不统一。例如在英语中就没有一个和信息化对等的字，怎么翻译还是问题[15]。这里只讨论和创新与现代设计相关的应用，主要包括两方面：以计算机为中心的人工智能和以网络为中心的信息传递。

　　研究人工智能的人，期望计算机技术高速发展，有一天能够完全代替人来解决设计问题。设计是社会性和技术性交织在一起，又是技术和艺术交织在一起的问题。也许计算机永远也不能代替人解决这两个交织在一起的问题。因为这两个问题的发展，始终会走在计算机技术发展的前面。了解了创新是采用此前未曾用过的知识，满足现在不能满足的需求和现代设计的竞争属性，就会懂得在人们使得计算机能够代替人去解决某一类问题（注意：这是一类人已经会解决的问题）后，立刻会产生解决该计算机还不能解决问题的需求，人也立刻就会去设计一个新的计算机来满足过去不能实现的需求。另外计算机和人一样，只有受"教育"以后才能够工作。而能够"教育"计算机的人，自己又必须先受教育，在使计算机受到教育以后，也会提出如何使计算机更容易受教育和用更新的知识教育计算机。如果把人的需求和满足需求所依赖的知识看成是动态的而不是静态的，承认人对客观规律的认识是不断发展的，昨天是先进的知识，今天就是众所周知的知识，明天也许会变成需要更新的知识，那么计算机能力的进步始终要比人的能力进步慢上一拍。也就是说，人对于新东西，总是比计算机学得快，先掌握。人不可能把自己不知道的东西存到计算机中让它工作。计算机与人对弈，实际上仍旧是人与人的对弈，只不过前面这个"人"躲在计算机后面。许多文献都讲了计算机不能代替或排斥人类专家这类的话，但是他们都没有讨论为什么计算机不能代替或排斥人类专家，也没有讲清楚计算机在哪些方面不能代替和排斥人类专家。书本里研究的都是计算机怎么代替人，以及如何将人的介入"减少到最低程度"。于是产生一个问题：当计算机和人工智能越来越发展，人究竟是必须更聪明还是可以更笨了？人必须更勤快了还是可以更懒散了？人还需要做什么和可以做什么？这样讲，一点没有轻视计算机或排斥计算机的意思。计算机技术在设计上的应用，在减轻人的脑力劳动上，的确发挥了很大的作用，而且正在不断发挥更大的作用。人工智能技术的应用以及各种先进软件工具的应用，始终是设计竞争力的重要方面。不过要保持清醒头脑，记住本书给出的关于创新的界定，记住人在设计中的地位和作用，始终是人在设计而不是计算机在设计。

　　人工智能，不论是研究智能的本质、机理或是它的应用，不等同于知识本身，正如专家系统不等同于专家知识一样。知识总是人工智能运行的基础，所以知识获取永远是不可取代的命题。现代设计中的知识获取不同于人工智能中的知识获取，范围更为广泛，操作也更为复杂。知识是不能创造的，只能从观察客观事物的现象和行为来认识和得到它。人工智能在知识获取中可以发挥很大的作用，比较常见的如数据的自动采集、传输、处理、管理、判断和知识发现。但是人工智能不能完成知识获取的全部任务，因为还需要各种专门的装备和技术，同样也需要系统的设计。为某特定目的开发的人工智能知识获取系统，人工智能并不是其中的全部，而集成在里面的人工智能也是由人设计的，为此也需要获取新知识以实现已有系统不具备的性能，还没有见到仅仅由人工智能开发出来的人工智能知识获取系统。退一步用一个更简单的比喻，一个能够熟练使用有限元分析软件的人面对一个他不熟悉的对象，不一定能够立刻成功做出应力场分析或者温度场分析，因为他必须了解对象实际工作情况，然后才能决定力或温度的边界条件，有时甚至需要经过复杂的知识获取过程，才能够掌握正确的边界条件。人工智能能够帮助人自动剖分单元，还不能代替人确定所有问题的边界条件，也许有一天它能够确定某一类型问题的边界条件，必然又会产生另一类新问题的边界条件是它所不能够确定的。

　　网络技术的快速发展和应用，这里面也包括大量计算机技术，是现时代的特征，对于依赖分布式资源环境的现代设计具有特别重要的意义。设计过程基本上是一个信息和知识流动的过程，与加工是物流过程不同，主要或者完全可以在网络上进行。互联网和相关的支持工具，是分布式资源环境的重要组成部分。从设计竞争的焦点看，率先引入最新技术、最短研发周期和最小研发成本，综合这三方面的解决方案就是尽可能利用分布式资源环境，网络技术就是分布式资源环境的基础。曾经有中国贵州的设计师抱怨，贵州地处内地，信息不通，很难与沿海竞争。如果他真正理解和应用了现代设计对分布式资源环境依赖的属性，他就不会有这样想法。因为在贵州上互联网和在上海上互联网去获取一项服务，所需要的时间是一样的。需要说明的一点是，提供信息流动的条件与信息或知识本身是不同的范畴。信息化可以理解为创造和提供信息流动的条件，但是不能理解为已经解决了信息和更高层次的知识获取问题，后者是由另外一些学科领域中的规律支配。这是高速公路和公路上的车的关系。没有路，当然就

跑不了车,有了路,并不等同于路上有车。大规模投资计算机集成制造系统
(CIMS)之所以没有取得预期效果,就是仅仅注意了路而没有同时注意车从什么
地方来。计算机集成制造系统是先进制造技术中的一个热点,后者也是从国外
引进的。由于前面讲过的种种历史和文化的原因,先进制造技术到了中国就变
成了先进加工技术。加工依赖的主要是装备而不仅仅是信息和知识,除了用很
多钱去购买昂贵的装备,又引进许多软件用计算机把它们集成起来或者管理起
来,使得中国更加具备一个世界车间的资质,但是却没有解决产品设计竞争取胜
的问题,当然也就不可能仅仅靠这个使中国成为制造强国。另外一方面,也有不
少人研究关于通过网络将加工装备集成起来,提高装备的使用效率和发挥各地
的资源优势[16]。加工终究是一个以物流为主的过程,虽然可以利用各地的优势
来最有效地完成加工任务,但是任何一个待加工部件一旦投料,它就只能通过物
流系统辗转传送到达最终目的地,互联网是完成不了这个任务的。在这里,信息
传递是相对次要的任务。所以计算机集成制造系统基本上是在一个企业内部业
务管理和加工管理的系统。设计则不然,它是在虚拟中进行的,它的原料和产品
都是由信息构成,都是知识。所谓分布式资源环境实际上是分布式智力资源环
境的简称,在这个环境中,所有设计实体和智力资源单元之间交换的都是信息或
由信息构成的知识,知识服务的请求方发布的是信息,知识服务提供方提供的是
信息或者知识。所有这些都可以在信息高速公路上传递,连同信息和知识在设
计实体和智力资源单元内部的流动,构成了现代设计的基本模式。可惜研究计
算机集成制造系统的人没有把注意力放在制造业的设计竞争上,研究管理的人
没有把注意力放在管理设计的竞争上。如果说竞争是现代设计思想产生的动
力,网络技术就是现代设计思想产生的物质基础。当然,还是需要再一次强调,
网络技术不是设计所需要的知识也不是知识获取所依赖的资源,它们之间是路
和车的关系。

　　这一章里,讨论的主要是与创新和设计的关系,包括为什么要创新? 什么是
设计? 为什么称为现代设计? 讨论了现代设计的三个重要属性:竞争性、以知
识为基础和以新知识获取为中心和对分布式资源环境的依赖性。讨论了中国制
造业发展的历程和当前发展的态势,特别是讨论了认识上的一些误区和文化当
中的一些缺失。讨论了设计竞争在制造业竞争中的地位,讨论了设计中人和计
算机之间的关系,也讨论了设计中网络技术和知识的关系,即路和车的关系。

需要再次强调,创新思维与现代设计,都是近年才为人们关注的命题。本书后续各章中,由于作者不同,对同样一个问题不同作者有时会有不同的看法。这是一个学科发展中的认识过程,本书接受这种现象的存在,但是提醒读者自己去思考这些不同说法。

参考文献

[1] 朱高峰主编. 中国制造[M]. 北京:社会科学文献出版社,2003.

[2] 孙晔飞,陈娜. 江南制造局的前世今生(J/OL). (2005-11-21)[2007-7-4]http://news. xinhuanet. com/newmedia/2005-11/21/concent_3810490. htm.

[3] Jason Dedrick,Kenneth L. Kraemer,Greg Linden. Capturing value in a global innovation network:A comparison of radical and incremental innovation. Irvine,CA:Personal Computing Industry Center. 2007:http://www. itif. org/files/KraemerValueReport. pdf,2007.

[4] Robert Koopman,Zhi Wang,Shang-Jin Wei. The Myth of "Made in China". Wednesday,June 10,2009:http://experts. foreignpolicy. com/posts/2009/06/10/chinese_exports_are_not_exactly_chinese.

[5] 张鄂. 现代设计方法[M].西安:西安交通大学出版社,1999.

[6] 谢友柏. 产品的性能特征与现代设计[J]. 中国机械工程,2000,11(1-2):26-32.

[7] 谢友柏. 现代设计理论和方法的研究[J]. 机械工程学报,2004,40(4):1-9.

[8] Grabowski H. Preface[C]//Grabowski H. Universal Design Theory. Aachen:Shaker Verlag GmbH,1998:1.

[9] Suh N P 公理设计[M]. 谢友柏等译. 北京:机械工业出版社,2004.

[10] Committee on Advanced Engineering Environments. Advanced Engineering Environments:Phase 1,Achieving the Vision[R]. Washington,D. C.:National Academy Press,1999.

[11] Committee on Advanced Engineering Environment et at. Advanced Engineering Environment:Phase 2,Design in the New Millennium[R].

Washington，D. C. ：National Academy Press，2000.

[12] PTC. Collaborative Design Chain Management—The Next Wave of Opportunity for B2B Trading Exchanges[J/OL]//Windchill Netmarkets White Paper. http：//www. ptc. com

[13] James Grier Miller. Living systems. Colorado：University Press of Colorado,1995.

[14] 谢友柏. 知识服务——互联网上合作设计的基础[J]. 中国机械工程，2002，13(4)：290 - 297.

[15] 余彤鹰. 信息化概念和意义探究[OL]. [2004 - 9 - 14] http：//www. ee-forum. org/xxhgn. htm.

[16] 张曙. 分散网络化制造[M]. 北京：机械工业出版社,1999.

第二章

创 新 思 维

第一节 创 新 思 维

1. 创新和问题意识

现代设计中不论是有形的产品还是无形的产品,创新是其中一个重要的环节。培养创新能力要做到:营造创新氛围,捕捉创新"火花",培养创新意识,积极诱导创新;既要"异想天开",又要实事求是。但目前在中国的大学中,创新氛围不浓,创新意识不强,原因是多方面的,比如,考试中没有对创新能力的要求,课堂教学中没有提供良好的创新环境,学校的创新活动有限。为了营造良好的创新氛围,必须让学生有创新任务可做,从不良嗜好和习惯中摆脱出来,投入到创新性的思考、研究和学习当中,把创新当作自己大学生活的一部分,明白创新无处不在,从而为社会培养有创新活力的人才。

下面是 2009 年美国《时代》杂志评出的最佳发明[1]。

（1）"战神Ⅰ-Ⅹ"火箭（如图 2-1 所示）是美国宇航局为了代替航天飞机而开发的新一代载人火箭"战神Ⅰ(Ares Ⅰ)"的实验火箭。"战神Ⅰ-Ⅹ"

图 2-1 "战神Ⅰ-Ⅹ"火箭

火箭将达到327英尺高(将近100米)。在发射实验中,"战神Ⅰ-X"火箭将安装上"猎户座"飞船的模型,测试硬件和软件的工作情况。美国宇航局在获得这次试验数据的基础上,进一步开发2号实验火箭"战神Ⅰ-Y",以验证最终实际载人时的各种数据。

(2) 汽车制造商本田(Honda)推出一种新的个人移动装置"Honda U3-X"(如图2-2所示),它看上去像杂技表演用的单轮车。

图 2-2   U3-X

"U3-X"是本田汽车推出的一款新型电池驱动个人用交通载具,这款U3-X为单轮车,形状像数字"8",只有65厘米,重量不足10公斤,小巧轻便。车手可以通过身体前倾、后倾和向两侧倾斜调整车子前进方向。该车由锂电池提供动力,每次充电可持续1小时。时速最高为每小时6公里,和快走的速度差不多。它在未来可能成为最小的交通工具。

(3) 艾滋病疫苗(如图2-3所示)。

(4) 碳足迹(如图2-4所示)。

每个人都有自己的碳足迹,它指每个人的温室气体排放量,以二氧化碳为标准计算。这个概念以形象的"足迹"为比喻,说明了我们每个人都在天空不断增多的温室气体中留下了自己的痕迹。碳足迹涉及许多因素,许多网站提供了专门的"碳足迹计算器",只要输入相关情况,就可以计算你某种活动的碳足迹,也可以计算你全年的碳足迹总量。碳足迹越大,说明你对全球变暖所要负的责任

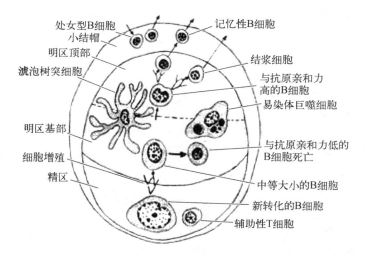

处女型B细胞
记忆性B细胞
小结帽
明区顶部
结浆细胞
滤泡树突细胞
与抗原亲和力高的B细胞
易染体巨噬细胞
明区基部
与抗原亲和力低的B细胞死亡
细胞增殖
精区
中等大小的B细胞
新转化的B细胞
辅助性T细胞

图 2-3 艾滋病疫苗

图 2-4 碳 足 迹

越大。

(5) 垂直农业(如图 2-5 所示)。

垂直农业也叫垂直农耕,是科学家为了研究未来农业发展面临的人口压力及资源匮乏问题所提出的一个新概念,主要任务在于解决资源与空间的充分利用,在于单位面积产量的最大化发挥,所形成的一种农业耕作方式。

(6) 仿生企鹅(如图 2-6 所示)。

是一种仿生机器人,与"空中水母"有着同样的应用前景。仿生企鹅的头部由柔软的玻璃纤维棒控制,能够像活企鹅那样轻便灵活地旋转身体。这些纤维棒排列在企鹅的头部一侧,其身体内部的发动机能够灵活的旋转企鹅的脖子至任何方向,并引导它们在水中游动。

图 2-5　垂直农业

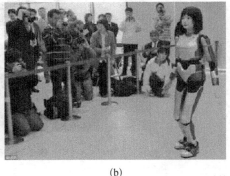

图 2-6　仿生企鹅

(7)"HRP-4C"机器人(如图 2-7 所示)。

(a)　　　　　　　　　　　(b)

图 2-7　HRP-4C 机器人

"HRP-4C"机器人身高接近 1.58 米,重约 43 公斤,身穿一套银白和黑色相间的太空服。全身共有 30 个马达来控制肢体移动。机器人"HRP-4C"也可以做出喜、怒、哀、乐和惊讶的表情。此外,它还能够缓慢行走、眨眼睛和用细小的女性嗓音说"大家好"。

(8)瞬间移动(如图 2-8 所示)。

瞬间移动是超心理学领域中超感官知觉的一种,指的是将物体传送到不同的空间或者自己本身在一瞬间移动到他处的现象与能力。瞬间移动经常出现在科幻作品当中,这一类作品经常将此种能力设定为有如非连续性空间跳跃般的状态,这和极度的高速移动是不同的现象。以目前的科学而言,只有量子遥传技术能够达成瞬间传递量子态信息至不同位置。

图2-8 瞬间移动

图2-9 陶氏太阳能瓦片

（9）陶氏太阳能瓦片（如图2-9所示）。

陶氏太阳能瓦片是由美国陶氏化学公司在2009年10月5日推出的新系列光伏太阳能板。这种太阳能瓦片系统在2010年中期之前将限量供应,在2011年将全面铺开供应。这种瓦片使用低廉、超薄的铜铟镓二硒太阳能电池（Copper Indium Gallium Diselenide Solar Cells）,可以同传统沥青瓦片一起使用,铺在屋顶根本看不出任何区别。陶氏太阳能瓦片比传统太阳能电池板便宜10%～15%。

（10）戴森空气倍增器（如图2-10所示）。

戴森空气倍增器是由英国著名科学家詹姆斯·戴森爵士发明的一种无扇叶的电风扇。其发明灵感来自干手器。这台称为"戴森空气倍增器"的电风扇,外形像一只巨大的指环。它能产生强有力的凉爽空气,而且安静无声,也比传统电扇安全。"戴森空气倍增器"和传统电风扇一样,能90°摆动。不同的是,它还能通过人为控制发生灯光变化。

戴森空气倍增器工作原理:空气倍增器的机身内布满了长度仅为1.3毫米的小裂口。在这些小裂口之间,空气流被驱动着循环流动。循环15次后,会

图 2-10　戴森空气倍增器

"吹"出清爽的凉风,时速可达 35 公里。

　　戴森空气倍增器的优点:空气倍增器不会积尘,也不会发出很大的噪声,更不会伤到因为好奇而想摸摸风扇的小朋友。最重要的是,空气倍增器吹出来的风比一般风扇吹出来的要均匀柔和许多,但是凉爽度不比任何一种风扇差。

　　创新是一个过程,是超越有形寻找无形的过程。从 2009 年美国《时代》杂志评出的这些最佳发明可见,无论是有形产品,如:戴森空气倍增器,还是无形产品,如:瞬间移动,创新是其中一个重要的环节。大家普遍认为犹太人的创新能力最强,那为什么呢?因为犹太人认为他们的最高境界是上帝,上帝是无形,不拘泥于一切有形东西,而是追求一切无形的东西,在追求过程中,体察情况,面对不同任务,寻找赢利途径,超越现有模式而形成全新模式,这就是犹太人的精神所在[2]。

　　2010 上海世界博览会的意义在于展示人类的创新精神,它要向世人展现未来我们的生活是什么样子,有哪些产品会影响我们未来的生活。最早的电灯、电话、电视等都是从世博走进人们的生活中。世博体现的不是高大的建筑、奇特造型的场馆,也不是汹涌的人流,华丽的开幕式,而是体现一种积极的创新精神。

　　创新精神属于科学精神和科学思想的范畴,"创新精神是创新的灵魂和动力,是指人的创新思想观念、思维和行为方式与习惯",是进行创新活动必须具备的一些心理特征,包括创新意识、创新兴趣、创新胆量、创新决心,以及相关的思维活动[3]。

创新精神是一种勇于抛弃旧思想旧事物、创立新思想新事物的精神。培育创新精神要有以下几点：

（1）创新精神以敢于摒弃旧事物旧思想、创立新事物新思想为特征，不满足已有认识（掌握的事实、建立的理论、总结的方法），不断追求新知识；不满足现有的生活生产方式、方法、工具、材料、物品，根据实际需要或新的情况，不断进行改革和革新；但同时，创新精神的培育又要以遵循客观规律为前提，只有当创新精神符合客观需要和客观规律时，才能顺利地转化为创新成果，成为促进自然和社会发展的动力。

（2）创新精神提倡胆大、不怕犯错误，并不是鼓励犯错误，只是强调错误是认识事物和科学探究过程中不可避免的。

（3）创新精神提倡不迷信书本、权威，敢于根据事实和自己的思考，向书本和权威质疑，但并不反对学习前人经验，任何创新都是在前人成就的基础上进行的。

（4）创新精神提倡独立思考，不盲目效仿别人的想法（说法、做法），不人云亦云，唯书唯上，坚持独立思考，说自己的话，走自己的路，但并不是不倾听别人的意见、孤芳自赏、固执己见、狂妄自大，而是要团结合作、相互交流，应是当代创新活动不可少的方式。

（5）创新精神不喜欢一般化，追求新颖、独特、异想天开、与众不同，但同时又要受到一定的道德观、价值观、审美观的制约。

（6）创新精神提倡大胆质疑，不墨守成规（规则，方法、理论、说法、习惯），敢于打破原有框框，但质疑要有事实和思考的根据，并不是虚无主义地怀疑一切。

总之，要用全面、辩证的观点看待创新精神，培育创新精神。

在日常生活中，要打破常规做一件事，就要用创新的思想和方法去完成。这些创新来自何方？来自问题的提出。如果提不出问题，那怎么会有新的事物出现？保持问题意识是产生"创新"的重要条件之一。

有位专家说过：创新意识就是问题意识，来自人们的好奇和怀疑，没有好奇、没有怀疑就没有问题，没有问题就没有创新意识，没有创新意识，就无从培养创造力。而"问题"的提出往往是由"外压"和"内压"两种因素促成的。

外压：1865年，李鸿章在给清政府的奏折中写了：一味从国外求购"坚船利炮"不是办法,……机器制造一事,为今日御侮之资,自强之本。"由于外压的作用,成立了江南机器制造总局。到 1890 年,清朝有战列舰 2 艘,装甲巡洋舰 6 艘,巡洋舰 2 艘。

　　1950 年爆发朝鲜战争,出国作战的中国人民志愿军用的是 20 多种万国牌枪支[4],光步兵枪械口径就有 13 种。早期主要是中正式、汉阳造、三八式、九九式步枪,捷克式轻机枪(如图 2-11 所示),九九式重机枪,布伦式轻机枪;后期主要是莫辛-纳干卡宾枪或步枪等苏制枪械。而美军装备有 M1 伽兰德步枪,M1卡宾枪,M1 冲锋枪,著名的勃朗宁轻机枪(如图 2-12 所示),包括勃朗宁 M2HB的各种重机枪。志愿军凭着自己的杂牌武器,顶住了拥有最现代化装备的 17 国联军。朝鲜战争成为中国现代化的起点,被组织起来的中国人爆发出了巨大的力量,能够保卫自己不受外敌侵犯,也同样能够推动中国的工业化。巨大的武器差距,使中国人认识到必须建立自己独立的军事工业和基干产业,民族才能自立自强。基干产业是军事工业的基础,也是工业财富的源泉。20 世纪 50 年代,以向苏联引进 156 个基干项目为标志,中国开始了工业革命[5]。

图 2-11　捷克式轻机枪

图 2-12　勃朗宁轻机枪

可见,外部的压力在某些程度上给人类带来了科学发明和技术进步。

内压:则来自人类个体对"问题"的执着,在生活中感受到不方便,人们将问题提出来并锐意去解决,这样"创新"的可能性就出现了,而"创新"的实现推动了问题的解决、完善及社会的进步。

笔在人类社会中起着重要作用,几千年来,人类一直都在留下自己的印记。一些洞穴中有关人和动物的图画距今至少有 2.5 万年的历史,然而人类用笔记载历史的时间却短得多。2 000 多年来制笔工艺的发展是人类创造性思维的最好体现[6]。

公元前 2000 年:中国人用老鼠毛制成的毛笔写字。墨水用煤烟、灯油和凝胶混合制成。

公元前 1200 年:埃及人从浆果、植物和矿物中提取天然染料和色彩制成黑水。"笔"是细芦苇。

公元 700 年:罗马人发明羽毛笔(鹅毛笔,如图 2-13 所示),用的是一种大鸟翅膀上的羽毛。羽毛笔在后来的 1 000 年中成为(西方)主要的书写工具。

1548 年:西班牙书法家胡安·德·伊西亚尔在他的书法手册中最早提及青铜笔。

1700 年:尼古拉斯·比翁(法国路易十四时代的乐器制作大师)最早为自来水笔留下画图。

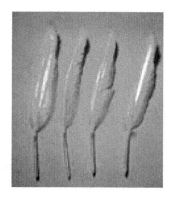

图 2-13　鹅毛笔

图 2-14　自来水笔

1884 年:纽约的保险推销员刘易斯·埃德森·沃特曼在因钢笔坏了而失去一位重要客户之后发明了第一支实用的自来水笔(如图 2-14 所示)。

　　1938 年：匈牙利记者拉迪斯洛·比罗和他的兄弟格奥尔格发明了第一支实用的圆珠笔(如图 2-15 所示)。

图 2-15　圆珠笔　　　　　　　　图 2-16　中性墨水笔

　　1979 年：吉列公司推出了一种新型钢笔,它写出的字能在 10 小时内擦去。其诀窍是用橡胶胶水制成墨水。

　　1984 年：日本樱花公司推出中性墨水笔,它是圆珠笔和记号笔的中间产品,用的是中性墨水(gel-ink,如图 2-16 所示)。

　　要想使创新思维具有自发的推动力,必须自行培养强大的"内压",有敏感的问题意识,善于在生活和工作中发现和认识问题。我们找到了问题,设计的创新就迈出了第一步。提出问题是个连续的过程,在一系列的创新活动中会有更多的问题被提出,问题在筛选和解决后,创新也就在其中了。我们也应该明白"外压"是创新的一个条件,有时也可能是决定性因素。

2. 发现和需求

　　通过历史看到：人类演变和社会的进步是在不断地发现需求和满足需求的过程中实现的。

　　所谓"需求",从某种意义上看,人类的生活和工作中的"问题"是人类没有实现的"需求",或者说是现有产品有待完善、有待解决的问题。虽然整个世界的现代文明程度已经达到了相当高的水平,人们生活的舒适度和方便性也无可挑剔,但是,人类的欲望和追求是永无止境的。因此,创新空间和余地还很大,几乎是无限的。我们清晰记得,当电脑还没有进入我们的生活时,我们也没有觉得不方便,可是现在电脑已成为我们生活中的重要组成部分,缺少电脑的帮助我们将如何生活? 同样,手机在当下我们生活中也是不可缺少的,在电话发明之时,人们是不会想到手机的。由此可以证明人们的需求在不断的产生和发展。

"需求"有物质需求和精神需求两种。物质需求是人们为了生存和生活必然产生的各种各样的需求,如衣食住行中的物品需求以满足人们生存和生活为目的;精神需求是人们为满足身心愉悦而产生的需求,如艺术、文学和尊重等。在我们现代生活中的产品,这两种需求常常相伴而行。比如,手表作为计时器是人人必备的工具,而作为装饰品它既是服饰的点缀又是身份的象征;服装的名牌与否,从物质需求来看相差无几,从精神需求来评价它们则有天壤之别。

当代心理学研究表明,人的行为由动机驱使,而动机来源于人的需求。我们通过历史看到:人类演变和社会的进步是在不断地发现需求和满足需求的过程中发展着。从整个笔的演变发明过程告诉我们,人类需要记录东西,开始是拿棍子在地上画,在洞穴中雕刻,然后慢慢地有了笔这种东西,并且不断完善,满足人们的不同需求,发展到我们今天的笔。创新是在不断满足人们需求中得以实现。同时我们也看到,在人类文明的进程中很多需求是少数人发现和提出的,甚至可以说是设计师制造了需求,然后由这些需求设计出各种各样的产品,满足和引导人们的各种物质需求和精神需求,使人类持续不断地向前推进。

意大利帕维亚大学教授伏打是电池的发明者[7]。当伏打读到了一篇德国科学家有关电学的论文后猜想:在所有这些实验中本质的东西是不同金属的接触,1794 年他开始着手证明这个假说。实验结果证明,只要在两种金属片中间隔以盐水或碱水浸过的吸墨纸、麻布,并用金属线把它连接起来,就会有电流通过。为了证明自己的见解,伏打又对各种金属进行了试验,从而发现了如下起电顺序:锌—铅—锡—铁—铜—银—金—石墨。当以上任何两种金属相接触,在顺序中前面的一种带正电,后面的一种带负电。他还发现这种隔以盐水的"金属对"产生的电流虽然微弱,但是非常稳定。于是他把 40~60 对圆形的铜片和锌片相间地叠起来,每一对铜片、锌片之间隔以盐水淋湿的麻布片,再用两条金属线各与顶面的锌片和底面的铜片焊接起来,则两金属线端点间就会产生电压;而金属片对数越多,电力越强;如果把铜片换成银片,则效果更好。这就是"伏打电堆"(Pile)。而他自己称它为"人造电气器官",因为他看到电鳗的"电气器官"就是由一个个圆柱体排列起来的。不久后,伏打又发现当锌片、铜片之间的湿布逐渐干燥时,电流也渐趋微弱。于是他改用一大串杯子,贮以盐水或稀酸,浸入铜片、锌片,并用金属线连接起来,这样便得到了更经久的电池。这就是后来被称为铜锌电池的最早具有实用价值的电池。它不仅很快为整个欧洲所使用,而且引发了一场电学革命,后来人们把这种产生电源的装置称为"伏打电池"。现在我们使用的电池均是基于"伏打电池"而发展出来的。

3. 艺术思潮与新技术

　　科技发展为设计发展提供了必要的条件,新的科技发明和创造是我们设计创新的动力之一。设计是科技应用的载体,一项科技成果可以用于多种多样的设计中。

　　自从洗衣机进入我国,从技术上有了很大的变化(如图 2-17 所示)。其一,单缸洗衣和单筒脱水方式;其二,双缸洗衣,即单缸洗衣和单筒脱水合二为一;其三,套缸洗衣,即洗衣和脱水两缸套叠运转;其四,滚筒式洗衣。同时其他辅助功能也有很大改进,如排水方式上排水和下排水等。特别是洗衣机在应用了微电子技术以后,自动化程度大大提高,极大地方便使用,彻底改变了人们的生活方式。

(a)　　　　　　　　　(b)　　　　　　　　　(c)

图 2-17　洗　衣　机

　　除了技术对设计的影响外,文学和艺术的思潮,特别是观念的改变,对设计的影响也是深远的,特别是外形和色彩。在艺术思潮的驱使下,设计师往往会将产品作为艺术品来对待，去追逐流行和时尚。

包豪斯（Bauhaus）作为一种设计体系在当年风靡整个世界，在现代工业设计领域中，它的思想和美学趣味可以说整整影响一代人[8]。虽然后现代主义的崛起对包豪斯的设计思想来说是一种冲击、一种进步，但包豪斯的某些思想、观念对现代工业设计和技术美学仍然有启迪作用，特别是对发展中国家的工业设计道路的选择是有帮助的。它的原则和概念对一切工业设计都是有影响的。包豪斯的创始人格罗皮乌斯，针对工业革命以来所出现的大工业生产"技术与艺术相对立"的状况，提出了"艺术与技术新统一"的口号，这一理论逐渐成为包豪斯教育思想的核心。包豪斯工艺思想强调工艺美是体现功能和运用结构的必然结果，并认为传统是阻碍机器产品设计的因素，因而认为功能就是美，并忽视民族文化传统的作用。后来包豪斯也就成为现代设计的代名词。后现代主义是一场发生于欧美 20 世纪 60 年代，并于 70 年代与 80 年代流行于西方艺术、社会文化与哲学的思潮，其要旨在于放弃现代性的基本前提及其规范内容。在后现代主义艺术中，这种放弃表现在拒绝现代主义艺术作为一个分化了文化领域的自主价值，并且拒绝现代主义的形式限定原则。其本质是一种知性上的反理性主义和感性上的快乐主义。后现代主义实际上是针对现代主义之后出现的超越现代主义精神的文化现象而做出的一种非限定性的概括。在设计方面，后现代主义的影响显而易见。第二次世界大战后，急速增长的经济和迅速发展的科学技术，不仅拓展了设计的观念，改变了人们对现代主义设计的看法，同时也为设计师发挥个人才能提供了更多的可能条件。随着"后工业"、"产品语义学"、"符号学"、"隐喻"等概念在设计领域的引入，设计已成为内涵丰富的文化现象。从 1960 年代设计师开始激进设计和反设计探索，到 1980 年代形成后现代设计浪潮高峰，后现代设计已成为后现代主义文化和艺术中一个重要的组成部分。设计师进行着有别于现代主义设计的探索，丰富了设计的艺术表现语汇，打开了思路，开创了新局面。其中产生了不少的风格和流派，例如：

波普（POP）设计[9]，战后成长的青年一代厌倦了现代主义风格单调、冷漠的设计，渴望有新的消费观念和新的文化风格的出现。新兴的大众文化（肥皂剧、爵士乐、摇摆舞、电子游戏）正在赶超传统的高雅文化。艺术的色彩与装饰因此被重新运用。追求日常生活中最为通俗的形式、色彩、结构，形成大众化、市民化、有象征意义的风格，追求雅俗共赏的目的。受当时"硬边艺术"与"欧普艺术"

的影响。其特征为：通俗的、短暂的、可消费的、便宜的、批量的、年轻的、诙谐的、诡秘的和刺激的设计。提出艺术不应该是高雅的，艺术应该等同于生活的口号。大量采用拼贴、放大、组合、模仿的艺术设计手段。

曼菲斯（Memphis）于 1980 年 12 月成立在意大利的米兰，由著名设计师索特萨斯（Ettore Sottsass）和 7 名青年设计师组成。在 20 世纪 80 年代，它成为世界最著名的激进设计集团，他们设计的家具、用品，虽然大多是豪华型样品，但是，他们的思想却已渗透到诸多用以进行大规模生产的设计领域中，并在平面设计和产品设计方面开创了一种国际性的新风格。

索特萨斯（Sottsass）认为，设计就是一种生活方式的设计，因而设计没有确定性，只有可能性，没有永恒，只有瞬间。他说："应当把设计活动从工业需求与计划的单纯机械结构中解脱出来，使它进入一个有着一切可能性和必要性的更广阔的领域。当人们希望表现生活的寓意时，设计活动也就随之开始了，这就是说，所谓的反传统设计其实是毫无传统可反。一切都仅仅是为了扩大和深化设计活动。"而他自己的目的就是"要使设计有更广阔的交流领域，意义更加深刻，设计语言具有更大的灵活性，而且也要使人们更进一步意识到自己对家庭生活和社会生活所担负的责任"。

当你看到图 2-18 色彩艳丽的陶瓷，看到精细雕刻的金属工艺品，看到精致繁杂的刺绣时，你基本上会确定它们是来自摩洛哥。阿拉伯文化与西方文化的并存，造就了风格迥异的摩洛哥风情。另外服装设计（如图 2-19 所示）更体现出设计者的创新思想。

图 2-18　陶　瓷

图 2-19 服装设计[www. efu. com. cn]

由此可见,艺术思潮也是设计变化和进步的动力之一。

4. 天才与凡人集团

创造性思维是一个过程,有个人才气的成分,更有组织结构的因素。从某种意义上说,人人都可以成为发明家,除了开发个人的智力外,还应集思广益,发挥团队的作用,以达到创新设计的目的。

近 50 年来,创造发明的复杂程度,不论是时间还是精力,天才个人是无法胜任的。实践证明只有团队作战,才能攻克一项项难题。

比如小到房屋装修、大到大客发动机的设计等,光靠一个天才个人是无法完成任务的。例如美国的"阿波罗"计划从 1961 年开始实施至 1972 年结束,历时约 11 年,耗资 255 亿美元。在工程高峰时期,参加工程的有 2 万家企业、200 多所大学和 80 多个科研机构,还有跨国组合的形式,总人数超过 30 万人。先后完成 6 次登月飞行,把 12 个人送上月球并安全返回地面。它不仅实现了美国赶超苏联的政治目的,其科研成果还带动了 20 世纪 60、70 年代美国和全世界计算机技术、通信技术、测控技术、火箭技术、激光技术、材料技术、医疗技术和生命技术等高新技术的全面发展,把科技整体水平提高到了一个全新的高度。整个阿波罗登月计划共获得了 3 000 多项专利。在经济方面,据统计,在阿波罗计划上投入的每 1 美元平均带来了 5 美元左右的效益[10]。

科技进步日新月异,世界科学技术正在酝酿着新的突破,一场新的科技革命和产业革命正在孕育之中。在未来几十年里,世界科学技术将会继续出现重大原始性创新突破,很有可能在信息科学、生命科学、物质科学以及脑与认知科学、地球与环境科学、数学与系统科学乃至社会科学之间的交叉领域形成新的科学前沿,发生新的突破。在这样的历史大背景下凡人集团的作用就更为突出。

凡人集团的建立和运作,既有时间概念又有空间概念,掌握不同时期知识的人来讨论当下的课题是时间概念;不同专业的人坐在一起研究棘手的问题是空间概念。

5. 创新思维的过程

设计是一种创造性活动,设计师作为设计的个体,他的思维有其完整的程序。当然不同的个体其思维程序各异,有的主动,有的被动;先后顺序也各有不同。归集起来我们可以按五个阶段去考虑问题:"初识"、"准备"、"孕育"、"启发"和"验证"[11]。

(1)"初识"阶段,认识一个问题的存在,理解问题的内涵和外延。

(2)"准备"阶段,为了解决问题而做的一系列努力,有意识地尝试,找到问题的答案。

(3)"孕育"阶段,无意识的"脑髓作用"的结果,重组有意识思考的答案。

(4)"启发"阶段,通过回收问题,以新的风格和手段回到原本的问题,突然产生新的想法。

(5)"验证"阶段,产生新的设想后,进行有意识的验证,取得一致的意见并加以完善和实现。

地铁的发明过程就能很好地说明这五个阶段。19世纪中叶,英国伦敦的城市交通拥挤不堪,在窄小的马路上整天人头攒动,一旦马车经过,整条马路被堵得水泄不通,严重影响了市民的正常生活和工作。政府主管部门虽然对此忧心忡忡,但也无计可施。在征求改善城市交通良策的过程中,一名叫查理斯的法官提出了修筑地下铁道的建议。这个想法的产生还有一段有趣的故事。一天,查理斯在家打扫卫生时发现墙脚边有一个老鼠洞口直通墙外。他突然想到:老鼠无法在地面上招摇过市,就转入地下活动。那么,为了提高城市街道的人流量,而载客量较大的火车又不能修在市区地面,为何不在地下建一条铁路供火车运行呢?经过充分考虑和反复论证,查理斯于1843年向政府提出了修建地下铁道的建议。10年后,议会才批准在帕丁顿的法林顿街和主教路之间修建了一条约6公里的地铁。1863 年 1 月"大都会地区铁路"开始营业,世界上出现了第一条地铁。由于机车采用烧焦炭的蒸汽机,对环境污染严重。为了解决环境问题,人们设想用电动机来代替蒸汽机作为地铁机车的动力。1890 年,该设想如愿以偿,伦敦的第一条电气化地铁建成通车。此后在伦敦又先后建了 8 条地铁线路,大大提高了客运运能。

从这个案例中我们看到了发明的 5 个阶段的推进和关系:

(1)"初识"阶段,伦敦的街道和交通问题,就是地铁发明的由头;

(2)"准备"阶段,政府为改善道路交通问题,向大众征求解决方案;

(3)"孕育"阶段,查理斯把老鼠洞与解决道路交通问题联系了起来;

(4)"启发"阶段,由此想到了建地下地铁的方案;

(5)"验证"阶段,地铁方案的实现仅仅靠一个想法是不够的,还要通过科学的求证,才能成为一个可行的方案。

因此,伦敦第一条地铁从方案到建成通车历时 10 年。而且,在建成后通过发现问题,以电气机车替代了蒸汽机车,使运行环境大大改善。

尽管我们把创新思维分成五个阶段来讨论,但是这个过程是一个整体,互相联系相当紧密,甚至在某两个阶段有来回多次的反复。创新思维本身就有灵活思维的特点,常常还会同时解决多个问题。对于设计师个体来说,创新思维不一定总是很自觉、审慎和注意力集中的,相反,会有跳跃思维的情况出现。很多好的创意点子,往往建立在转移注意力和改变问题视角的基础上,如查理斯通过老鼠洞转移到了交通和地铁(如图 2-20 所示)。

图 2-20 地　铁

第二节　创新思维的常用方法

创新思维的方法很多,而且人们还在不断地探索、发现和总结创新的方法
(如图2-21所示)。因此,我们不能只拘泥于创新的某一个具体的方法,而要找
到创新的方式和创新的思路。在这些方式和思路中去不断地积累和丰富创新的
方法。目前大部分重大的科学成果都是以团队形式,有组织的研究和攻关产生
的。处理好团队和个人的关系,是我们着重要研究和解决的。

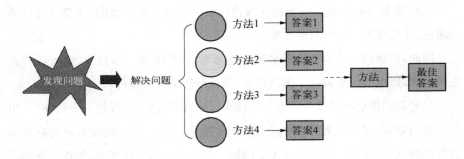

图2-21　创新思维方法的多样性

自20世纪初开始发明创造技法研究以来,国外已有300多种方法问世,我
国也有几十种方法研究成功。但是其中最常用的有如下10多种:智力激励法、
列举法、设问法、检核表法、联想法、组合法、形态分析法、信息交合论法、等价变
换法和物场分析法等。此外,缺点逆用法、废物利用法、反相法、相反相成法、归
纳法等应用也较广泛。我们应充分发挥创造性思维,掌握和熟练地运用各种创
造技法。这不仅能使我们提高工作效率,而且能使我们的工作开拓前进,不断
创新。

各种创造技法内容很丰富,有些技法个人可以使用,有些技法需要在发挥集
体智慧的情况下运用才能更加生辉。下面仅按个人或集体运用的几种主要创造
技法作一介绍。

1. 组合发明法[12]

组合创新是很重要的创新方法。有一部分创造学研究者认为,所谓创新就

是人们认为不能组合在一起的东西组合到一起。日本创造学家菊池诚博士说过:"我认为搞发明有两条路,第一条是全新的发现,第二条是把已知其原理的事实进行组合。"近年来也有人曾经预言,"组合"代表着技术发展的趋势。

总的来说,组合是任意的,各种各样的事物要素都可以进行组合。例如,不同的功能或目的可以进行组合;不同的组织或系统可以进行组合;不同的机构或结构可以进行组合;不同的物品可以进行组合;不同的材料可以进行组合;不同的技术或原理可以进行组合;不同的方法或步骤可以进行组合;不同领域、不同性能的东西也可以进行组合;两种事物可以进行组合,多种事物也可以进行组合。可以是简单的联合、结合或混合,也可以是综合或化合等。

组合发明法是指按一定的技术原理,把某些技术特征进行新的组合,构成新的技术方案的发明方法,有如下几种方式:

1) 成对组合[13]

成对组合是组合发明法中最基本的类型,它是将两种不同的技术因素组合在一起的发明方法。依组合的因素不同,可分成材料组合、用品组合、机器组合、技术原理组合等多种形式。如材料组合,一般是对现有的原料不满意或希望它能满足某种要求,使其与另一种不同性能的材料组合起来,从而获得新材料,例如诺贝尔为了使易于爆炸的液体硝化甘油做成固体易运输的炸药,将硝化甘油和硅藻土混合在一起;用品或机器组合常将两个用品组合成一个新的用品,使之具有两个用品的功能,如带电子表的圆珠笔、带收音机的应急灯、模拟自然光的闹钟枕头等,这种组合一般是以一种用品的形式和功能为主,将另一种用品巧妙地置于该用品的形体之内,使之不仅增加功能,同时又给人以新颖、华贵的感觉。模拟自然光的闹钟枕头(如图2-22所示),在枕

图2-22　模拟自然光的闹钟枕头

头里面放有一些发光二极管,在早晨可用光唤醒使用者,在起床前约40分钟,这种可编程的发光枕头就开始模拟自然光发光,接下来慢慢变亮,它能建立使用者的生理节奏,使他们轻松地进入新的一天。机器的组合(同物组合)常是把完成一项工作同时需要的两种机器或完成前后相接的两道工序的两台设备结合在一

起，以便减少设备的数量、提高效率，但它比用品组合复杂得多，如图 2－23 所示，双子星组合睡袋的设计（http：//www．8264．com/viewnews－22880－page－1.html），它由"双子星Ⅰ型棉绒睡袋"和"双子星Ⅱ型超轻羽绒睡袋"组合而成，这两条睡袋，可以方便快捷地组合成一条能经受更低温度的专业睡袋，是同物组合的很好例子；而技术原理组合的例子就更多了，如图 2－24 所示，火药、烟火是技术手段组合的例子。

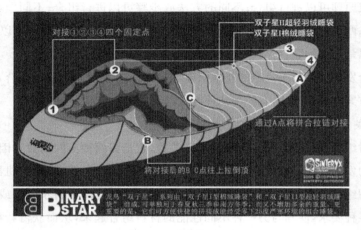

图 2－23　同　物　组　合

图 2－24　火药和烟火

2）辐射组合

辐射组合是以一种新技术或令人感兴趣的技术为中心，同多方面的传统技术结合起来，形成技术辐射，从而产生多种技术创新的发明创造方法。现以人造卫星这种新技术为例,人造卫星技术成功以后,它与各种学科的辐射组合,发展了卫星电视转播、卫星通信转播、卫星气象预报、卫星导航,以及对月、行星、恒星等宇宙研究等各项技术。

3) 形态分析组合

形态分析组合也称形态分析法,是瑞典天文物理学家卜茨维基于 1942 年提出的。它的基本理论是:一个事物的新颖程度与相关程度成反比,事物(观念、要素)越不相关,创造性程度越高,即易产生更新的事物。基本方法是:将发明课题分解为若干相互独立的基本因素,找出实现每个因素功能所要求的可能的技术手段或形态,然后加以排列组合得到多种解决问题的方案,最后筛选出最优方案。

例如,要设计一种移动小车,根据对此小车的功能要求和现有的技术条件,可以把问题分解为驱动方式、制动方式和轮子数量三个基本因素。对每个因素列出几种可能的形态。如,驱动方式有太阳能驱动、蓄电池驱动,制动方式有电磁制动、手控制动,轮子数量有两轮、三轮、四轮、六轮,则组合后得到的总方案数为 $2 \times 2 \times 4 = 16$ 种。然后筛选出可行方案或最佳方案。

形态分析组合的一般步骤是:

(1)确定发明对象:准确表述所要解决的课题,包括该课题所要达到的目的及属于何类技术系统等。

(2)基本因素分析:确定发明对象的主要组成部分(基本因素),编制形态特征表。确定的基本因素在功能上应是相对独立的,在数量上应以 3 个为宜。

(3)形态分析:要揭示每一形态特征的可能变量(技术手段),应充分发挥横向思维能力,尽可能列出无论是本专业领域的还是其他专业领域的所有具有这种功能特征的各种技术手段。在形式上,为便于分析和进行下一步的组合,往往采取二维矩阵列表的形式,每个因素的每个具体形态用符号 Pj 表示,其中 j 代表因素,P 代表具体形态。对较复杂的课题,也可用多维空间模式的形态矩阵。

(4)形态组合:根据对发明对象的总体功能要求,分别把各因素的各形态一一加以排列组合,以获得所有可能的组合设想。

(5)评价选择最合理的具体方案:选出少数较好的设想后,通过进一步具体化,最后选出最佳方案。

由于所得方案是在各种方案中选出的,因此形态分析组合的特点是具有全解系性质、形式化性质,第三个特点是该法具有较高的实用价值,它不仅运用于发明创造,而且也适用于管理决策、科学研究等方面。例如,该法的发明者 F·茨维基利用形态分析组合法设计了新功能喷气发动机,把该方法推向了顶峰。

2. 设问法[14]

1)奥斯本检查提问法(检核表法)

这种方法又称为"分项检查法"。它是根据需要解决的目标(或需要设计的对象),从多方面列出一系列的相关问题,然后对这些问题一一加以分析、讨论,从而确定出最好的设计方案。一般情况下,奥斯本检查提问法包括以下几个方面。

(1)能否可能对现有产品进行改型?

改型有助于在设计中产生意想不到的发明创造。例如,亨利·丁根将滚柱轴承的滚柱改变为圆球形,发明了滚珠轴承;将平面形镜子改变成各种各样的曲面形,便创造了令人开心的哈哈镜等。

(2)能否借鉴其他产品或相近似产品,并把其他产品或相近似产品的结构应用到设计项目中?

这个问题有助于使设计向深度和广度发展,形成系列发明产品。如从普通火柴到磁性火柴、保险火柴等,都是引入了其他领域的发明成果。

(3)能否采用其他材料替换原有材料及工艺?

例如,用木料或塑料代替金属材料;用人造大理石、人造丝等代替天然物品等。通过取代、替换的途径,也可为想象提供广阔的探索领域,创造出更多的新产品。

(4)能否将现有的产品结构更换型号或顺序?

重新安排、更换位置通常会带来许多创造性设想。例如,飞机诞生的初期,螺旋桨在头部,后来装到了顶部,便成了直升飞机。

(5)能否重新进行形态设计?

把原来产品的直线基调变为曲线基调或曲线基调变为直线基调;曲面变为平面或平面变为曲面等。这样的设计可能产生新的效果。

(6)能否参照其他同类产品或近似产品?

参考比较同类产品或近似产品,把它们的造型风格进行综合分析,将其应用在所设计的项目中就可获得风格独特的新产品。

(7) 现有的发明有无其他的用途？

例如，日本一家公司根据电吹风吹干头发的原理，发明了一种被褥烘干机。

(8) 现有发明能否借用其他的创造性设想或创造发明？

例如，泌尿科医生借用别的领域的发明，引入微爆技术，消除肾结石。

(9) 现有的发明能否扩大使用范围，延长其使用寿命？

例如，在两块玻璃中间加入某些材料，可制成一种防震、防碎、防弹的新型玻璃。

(10) 现有的发明可否缩小体积，减轻重量或者分割化小？

最初发明的收音机、电视机、电子计算机等体积庞大，结构复杂，经过多次改进，它们的体积不断缩小，结构趋于简化，出现了许多小型的或超小型的机器。

(11) 现有的发明有无代用品？

例如，人们非常喜欢镀金手表，但黄金是一种稀有金属，价值昂贵，人们就用其他金属来代替黄金，现有一种镀假金的手表几乎可以乱真。

(12) 现有的发明是否可以颠倒过来用？

例如，火箭是向空中发射的，但是，人们要了解地底下的情况，将火箭改为向地下发射，就发明了一种探地火箭。

(13) 现有的几种发明是否可以组合在一起？

例如，美国威廉将铅笔和橡皮组合发明了橡皮头铅笔。

使用检核表法解决设计方案，通常可以从几个问题中同时受到启发，经过综合形成最佳方案。检核表法之所以能开发出人的创造力，帮助人们创造发明，原因是能够帮助人们突破旧的框架，引导人们从各个方面去设想，使人闯入新的创造领域。

2) 逆向异想法[15]

发明者运用逆向思维来构思发明项目，从而发明设计出新产品或发明出新方法，这就叫作逆向异想法。

电子之父（电磁学奠基人）英国的法拉第是一位逆向思维科学家。金属导线通电后，在其周围产生磁场，能使附近的磁针运转。法拉第想：既然"电能生磁"，为什么不能"把磁变成电"呢？法拉第通过试验，终于发现：在磁场中运动的金属导线能产生电流。根据这个原理他于1931年运用逆向异想法发明出直流发电机。

1877年，美国的爱迪生在试验改进电话时，意外地发现传话器里的膜板随着说话声音会引起相应的震动。话声低，颤动慢；话声高，颤动快。他想：既然说话的声音能使短针颤动，那么反过来，这种颤动能否使它发出原先的说话声音呢？他运用逆向异想法，终于制造出了世界上第一架会说话的机器——留声机。

3）信息交合法

发明者把物体的总体信息分解成若干个要素，然后把这种物体与人类各种实践活动相关的用途进行要素分解，把两种信息要素用坐标法连成信息坐标 X 轴与 Y 轴，两轴垂直相交，构成"信息反应场"。每轴各点上的信息依次与另轴各点上的信息交合而产生一种新的信息，这种发明方法就叫作信息交合法（如图2-25所示）。

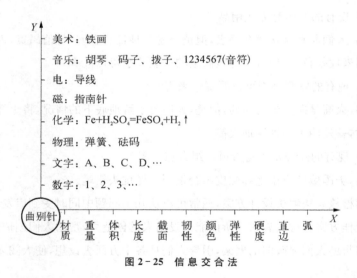

图 2 - 25 信 息 交 合 法

下面以曲别针为例说明什么叫信息交合法。我们首先把曲别针的总体信息分解成体积、长度、颜色、弹性、硬度、直边、弧这七个要素。把这些要素用直线连成信息坐标 X 轴。再把曲别针各种用途因素分解为数、字母、电、外文、磁等要素。把这些要素用直线连成信息坐标 Y 轴，跟 X 轴上的"弧"的要素交合，曲别针可弯成1、2、3、4、5、6、7、8、9等数字，也可弯成＋、－、×、÷等符号。Y 轴上的字母标与 X 轴上的"弧"要素相交合，曲别针可成 A、B、C、D、E …… 等英文字母，也可弯成俄文、拉丁文、希腊文等其他许多文字的字母。Y 轴上的"电"标与

X 轴上的"直边"或"弧"要素相交合,曲别针可用作导线或线圈,Y 轴上的"磁"标与 X 轴上的直边要素相交合,曲别针可做成指南针。

信息交合法即坐标法,它可使人们的思维具有更高的扩散性,应用范围很广。它不但用于新产品开发,而且还可用于管理和推导设计等方面。

4)5W2H 法

发明者用五个以 W 开头的英语单词和两个以 H 开头的英语单词进行设问,发现解决问题的线索,寻找发明思路,进行设计构思,从而产生出新的发明项目,这就叫作 5W2H 法。

提出疑问对发现问题、解决问题是极其重要的。创造力高的人,都具有善于提问题的能力,提出一个好的问题,就意味着问题解决了一半。发明者在设计新产品时,常常提出:为什么(Why);做什么(What);何人做(Who);何时(When);何地(Where);如何(How);多少(How much)。这就构成了 5W2H 法的总框架。

在发明设计中,对问题不敏感,看不出问题所在是与平时不善于提问有密切关系的。如对一个问题追根刨底,就有可能发现新的知识或提出新的疑问。所以从根本上说,学会发明首先要学会提问、善于提问。下面说明 5W2H 法的应用程序:

(1) 检查原产品的合理性。

① 为什么(Why)?

为什么采用这个技术参数? 为什么要做成这个形状? 为什么采用机器代替人力? 为什么产品的制造要经过这么多环节?

② 做什么(What)?

条件是什么? 目的是什么? 重点是什么? 功能是什么? 规范是什么? 工作对象是什么?

③ 谁(Who)?

谁来办最方便? 谁会生产? 谁可以办? 谁是顾客? 谁被忽略了? 谁是决策人? 谁会受益?

④ 何时(When)?

何时完成? 何时安装? 何时销售? 何时是最佳营业时间? 何时产量最高? 何时完成最合时宜?

⑤ 何地(Where)?

何地最适宜某物生长？何处生产最经济？从何处买？安装在什么地方最合适？何地有资源？

⑥ 如何（How to）？

如何做效率最高？如何改进？如何避免失败？如何才能使产品更加美观大方？如何使产品用起来方便？

⑦ 多少（How much）？

成本多少？输出功率多少？效率多高？尺寸多少？重量多少？

以上"七问"在创造性思维活动过程中是互相联系、相辅相成、相得益彰的，实际应用时必须全面考虑，逐一进行。

（2）找出主要优缺点。

如果现行的做法或产品经过七个问题的审核已无懈可击，便可认为这一做法或产品可取。如果七个问题中有一个答复不能令人满意，则表示这方面有改进余地。如果哪方面的答复有独创的优点，则可以扩大产品这方面的效用。

（3）决定设计新产品。

克服原产品的缺点，扩大原产品独特优点的效用。

例如，某火车站领导在候车室二楼设立了一个小卖部，生意相当冷落，他用5W2H法检查发现错在"何人"、"何地"及"何时"三个问题上。

① 何人——谁是顾客？火车站小卖部应把出入口的旅客作为主要顾客，而这些顾客并不需要上二楼。在二楼徘徊者大多是来迎送旅客的人，他们居于此地，有条件到当地大商场购物，无须到火车站小卖部买东西。

② 何地——小卖部设在何处？车站检票口设在一楼，进口的人经检查直接上车了，而小卖部设在二楼，怎么会有更多顾客光顾？

③ 何时——何时购物？进站旅客只有在行李托运后，才有闲情去购物、买小纪念品。可是，车站规定，旅客必须在临上车前很短的时间内才能允许托运，这自然挤掉了一部分旅客购物的条件和时间。

总结上述三个问题可以看出小卖部生意清淡的原因：未把旅客当顾客；小卖部没有设在旅客的必经之路上；旅客无购物时间。针对这三个问题，研究改进措施如下：视旅客为顾客；将进出口旅客的路线改为必经二楼小卖部；服务办法改为随时可以将行李托寄，以使旅客无牵挂，有购物的心思和时间。改进后，小卖部的生意兴隆起来了。

　　总而言之,5W2H法的这些提问,都是抓住事物主要矛盾进行思考分析,因而实用性强,效果明显。当然,有些技术问题还需在进行这七个方面分析后,视具体情况而定,才能最终解决实际问题。

3. 类比法

　　类比发明法,是一种确定两个以上事物同异关系的思维过程和方法,即根据一定的标准尺度,把与此有联系的几个相关事物加以对照,把握住事物的内在联系进行创造。瑞士著名科学家阿·皮卡尔是位研究大气平流层的专家,他曾设计的平流层气球,飞到过15 690米的高空。后来他又研究海洋深潜器,在研究海洋深潜器时,首先就想到利用平流层气球的原理来改进深潜器。皮卡尔由平流层气球联想到海洋深潜器,平流层气球由两部分组成:充满比空气轻的气体的气球和吊在气球下面的载人舱。利用气球的浮力,使载人舱升上高空。皮卡尔和他的儿子小皮卡尔设计了一只由钢制潜水球和外形像船一样的浮筒组成的深潜器,在浮筒中充满比海水轻的汽油,同时,又在潜水球中放入铁砂作为压舱物,使深潜器沉入海底。如果深潜器要浮上来,只要将压舱的铁砂抛入海中,就可借助浮筒的浮力升至海上,再配上动力,深潜器就可以在任何深度的海洋中自由行动。皮卡尔运用类比发明法创造了世界上第一只自由行动的深潜器。

　　类比发明法是一种富有创造性的发明方法,人们可以用各种不同的事物进行类比,将会不断地产生出新的创造设想,获取更多的创造成果。但是,从异中求同、从同中见异的类比发明法也有缺点,就是运用这种方法推导出来的结论,或提出的创造设想,成功的可靠性不高。有时会把人引入迷途,尽管如此,类比发明法仍然是一种很好的创造性发明方法。

　　类比发明法,还可根据不同的类比形式分为许多种。

　　1) 直接类比法

　　发明者从自然界或已有的技术成果中,寻找出与发明对象类似的现象或事物,从中获得启示,从而设计出新的发明项目,这就叫直接类比法。例如:根据鸟飞发明飞机,根据鱼游发明潜水艇等。

　　1889年,法国的马莱运用直接类比法,根据视觉暂留现象进行类比思维,发明设计了电影机。1890年,马莱取得动态摄影机专利权。1893年,马莱取得放映机的专利权。1895 年卢米埃兄弟在法国巴黎首次经营商业电影院。

2) 间接类比法

就是用非同一类产品进行类比,产生创造。在现实生活中,有些创造缺乏可以比较的同类对象,这就可以运用间接类比法。如空气中存在的负离子,可以使人延年益寿、消除疲劳,还可辅助治疗哮喘、支气管炎、高血压等,但负离子只有在高山、森林、海滩、湖畔较多。人们通过间接类比法,创造了水冲击法产生负离子,以后又吸取冲击原理,成功创造了电子冲击法,这就是现在市场上销售的空气负离子发生器。

采用间接类比法,可以扩大类比范围,使许多非同一性、非同一类的行业,也可由此得到启发、开拓新的创造活力。

3) 幻想类比法

发明者在发明创造中,通过幻想类比进行一步步的分析,从中找出合理的部分,从而逐步达到发明的目的,设计出新的发明项目,这就叫作幻想类比法。

1834 年,英国发明家巴贝治绘制出通用数字计算机图样。1942 年,美国的阿塔纳索夫教授和他的学生贝利,运用幻想类比法,创造性地设计出电脑,并制成了阿塔纳索夫-贝利计算机(世界上第一台电脑)。

4) 因果类比法

指两个事物的各个属性之间,可能存在着同一因果关系,我们可以根据一个事物的因果关系,推出另一事物的因果关系,这种类比法就是因果类比法。例如,在合成树脂(塑料)中加入发泡剂,使合成树脂中布满无数细小的孔洞,这样的泡沫塑料又省料,重量也轻,并有良好的隔热和隔音性能。联想到这个关系,可在水泥中加入一种发泡剂,使水泥也变得既轻又具有隔热和隔音的性能,就发明了气泡混凝土。

5) 仿生类比法

仿生类比法是通过模仿某些生物的形状、结构、功能、机理以及能源和信息系统来解决产品的形态和技术等问题。中国西汉将领陈平在 2 000 年前,运用仿生类比法,发明设计出古代机器人。1962 年,美国制造并售出了世界上首批工业用机器人。中国江西省南昌市三中 16 岁学生熊杰,运用仿生类比法,发明设计了管内机械手,荣获了第三届中国青少年发明一等奖。图 2-26 是模仿甲壳虫外形设计的汽车。

图 2 - 26 仿生类比法

6）综摄类比法

发明者借助于分析，设法把陌生问题变为熟悉问题，再通过亲身类比、比喻和象征类比等综合类比方法，设计出发明项目，这就是综摄类比法。

变陌生为熟悉是第一阶段，这个阶段主要用分析的方法，了解问题，查明问题的主要方面以及各个细节。人的机体本质上是保守的，它排斥任何陌生的东西。思维也一样，当人们遇到陌生的事物时，总是设法把它纳入一个可以接受的模式中，通过把陌生的事物和熟悉事物联系起来，把陌生的转换成熟悉的。没有这个思维过程，人们很难真正了解要解决的陌生问题。

在创造性思维的研究中有两种常见的误解：一是认为创造性主要体现在解决问题阶段，而把了解问题阶段忽略了。二是因为在分析问题、了解问题、变陌生为熟悉的过程中，由于产生各种小小的发现会得到一些比较肤浅的答案，因此，人们往往把这个了解问题的阶段误认作解决问题的阶段。这第二种误解是非常有害的。尽管为了更深刻地了解要解决的问题，我们尽可能多地掌握它的细节和信息是有益的，但是，把这样的了解当作创造性地解决问题，过分沉湎于问题细节的分析，就会舍本求末，贻误发明创造。因为创造解决问题的实质不是了解了或解决了一个新问题，而是以全新的方式、全新的设计解决问题。

变熟悉为陌生是第二阶段。变熟悉为陌生就好像一个弯下腰来从两腿间看世界的孩子，你会突然发现这个世界整个都倒过来了，变样子了。要使人们的思维跳出已有的习惯是困难的。发明者运用亲身类比、比喻和象征类比等综合类比，能使自己的发明逐步由陌生变为熟悉，从而发现新的发明项目。

创造性思维是一种非常规思维，它是一种粗糙的、有裂缝的、有时是非理性思维，因而创造性思维可以互相激励，互相渗透。

4. 移植法

发明者把某一技术领域中的技术手段和方法，移植应用到另一技术领域，从而设计出新的发明，这就叫移植法。移植法常与类比思维相结合。

1）技术手段移植

例如，根据技术手段移植法，由电吹风发明被褥烘干机。

2）原理移植

美国发明家贝尔，运用移植法，在技术原理方面进行移植转用，"簧片振动传声——人的声带振动发生传声"，从而发明设计出电话，并于 1878 年取得了美国电话专利权。

3）技术功能移植

1838 年，莫尔斯运用移植法，采用技术功能移植"烽火传信号——电报传信号"，从而发明设计了电报并取得了美国电报专利权。

5. 聚散法

1）头脑风暴法[16]

又称智力激励法，是现代创造学奠基人美国阿历克斯·奥斯本于 1938 年首次提出的（如图 2 - 27 所示）。头脑风暴法是在主持人的组织下，学员之间相互启迪思想、激发创造性思维的有效培训方法。每个学员都可毫无顾忌地发表自己的观念，都能提出大量新观念，创造性地解决问题。头脑风暴的特点是让与会者敞开思想，使各种设想在相互碰

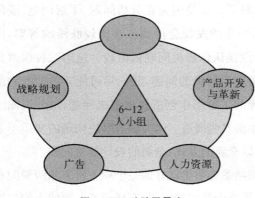

图 2 - 27　头脑风暴法

撞中激起脑海的创造性风暴，是一种集体开发创造性思维的方法，可分为直接头脑风暴和质疑头脑风暴法。前者是在专家群体决策基础上尽可能激发创造性，产生尽可能多的设想的方法，后者则是对前者提出的设想、方案逐一质疑、分析其现实可行性的方法。它是鼓励在小组中进行创造性思维的最常用方法。

头脑风暴法小组的组成如下：

（1）设立两个小组。

每组成员各为 4～15 人（最佳构成为 6～12 人）。第一组为"设想发生器"组，简称设想组。其任务是举行头脑风暴会议，提出各种设想。第二组为评判组，或称"专家"组。其任务是对所提出设想的价值做出判断，进行优选。

（2）主持人的人选。

两个小组的主持人，尤其是头脑风暴法会议的主持人对于头脑风暴法是否成功是至关重要的。主持人要有民主作风，做到平易近人，反应机敏，有幽默感，在会议中既能坚持头脑风暴法的原则，又能调动与会者的积极性，使会议的气氛活跃。主持人的知识面要广，对讨论的问题有比较明确和比较深刻的理解，以便在会议期间能善于启发和引导，把讨论引向深入。

（3）组员的人选。

设想组的成员应具有抽象思维的能力和自由联想的能力，最好预先对组员进行创造技法的培训。评判组成员以有分析和评价头脑的人为宜。两组成员的专业构成要合理，应保证大多数组员都是精通该问题或该问题某一方面的专家或内行。同时，也要有少数外行参加，以便突破专业习惯思路的束缚。应注意组员的知识水准、职务、资历、级别等应尽可能大致相同。

奥斯本的头脑风暴法制定了两条基本原理：① 延缓判断。② 数量孕育着质量。

头脑风暴法会议的原则如下：

（1）自由畅想原则。

要求与会者自由畅谈。任意想象，尽情发挥，不受熟知的常识和已知的规律束缚，想法越新奇越好。

（2）严禁评判原则。

对别人提出的任何设想,即使是幼稚的、错误的、荒诞的都不许批评。不仅不允许公开的口头批评,就连以怀疑的笑容、神态、手势等形式的隐蔽的批评也不允许,这一原则也要求与会者不能进行肯定的判断。

(3)谋求数量原则。

会议强调在有限时间内提出设想的数量越多越好。会议过程中设想应源源不断地提出来,为了更多地提出设想,可以限定提出每个设想的时间不超过两分钟,当出现冷场时,主持人要及时地启发、提示或是自己提出一个幻想性设想使会场重新活跃起来。

(4)借题发挥原则。

会议鼓励与会者用别人的设想开拓自己的思路,提出更新奇的设想,或是补充他人的设想,或是将他人若干设想综合起来提出新的设想。

(5)不允许私下交谈和代人发言。

头脑风暴法的实施步骤如下:

(1)准备阶段。准备阶段包括产生问题、组建头脑风暴法小组、培训主持人和组员及通知会议的内容、时间和地点。

(2)热身活动。为了使头脑风暴法会议能形成热烈和轻松的气氛,使与会者的思维活跃起来。可以做一些智力游戏,猜谜语,讲幽默小故事,或者出一道简单的练习题。

(3)明确问题。由主持人向大家介绍所要解决的问题。问题提得要简单、明了、具体,对一般性的问题要把它分成几个具体的问题。

(4)自由畅谈。由与会者自由地提出设想。主持人要坚持原则,尤其要坚持严禁评判的原则,对违反原则的与会者要及时制止。会议秘书要对与会者提出的每个设想予以记录或作现场录音。

(5)会后收集设想。在会议的第二天再向组员收集设想,这时得到的设想往往更富有创见。

(6)如问题未能解决,可重复上述过程。在用原班人马时,要从另一个侧面或用最广义的表述来讨论课题,这样才能变已知任务为未知任务,使与会者思路改变。

(7)评判组会议。对头脑风暴法会议所产生的设想进行评价与优选应慎重行事,务必要详尽细致地思考所有设想,即使是不严肃的、不现实的或荒诞的设想亦应认真对待。

头脑风暴法的优点如下:

(1) 低成本,高效率。

(2) 获取广泛的信息、创意,互相启发,集思广益,在大脑中掀起思考的风暴,从而启发策划人的思维,想出优秀的策划方案。

头脑风暴法的缺点如下:

(1) 实施的效果受学员的素质影响。

(2) 邀请的专家人数受到一定的限制,挑选不恰当,容易导致策划的失败。

(3) 由于专家的地位及名誉的影响,有些专家不敢或不愿当众说出与己相异的观点。

2) 635 法[17]

"635"法又称默写式头脑风暴法,是德国人鲁尔巳赫根据德意志民族习惯于沉思的性格提出来的。与头脑风暴法原则上相同,其不同点是把设想记在卡上。头脑风暴法虽规定严禁评判,自由奔放地提出设想,但有的人对于当众说出见解犹豫不决,有的人不善于口述,有的人见别人已发表与自己的设想相同的意见就不发言了,而"635"法可弥补这种缺点。具体做法如下:

每次会议有 6 人参加,坐成一圈,要求每人 5 分钟内在各自的卡片上写出 3 个设想(故名"635"法),然后由左向右传递给相邻的人。每个人接到卡片后,在第二个 5 分钟再写 3 个设想,然后再传递出去。如此传递 6 次,半小时即可进行完毕,可产生 108 个设想。

3) 集思广益法

集思广益法是一种比较适合于我国现时基层企业内以小组会议形式进行集思广益,促进创新构思的方法。其原型是"635"法,是将我国开调查会的习惯做法,与头脑风暴法等技法加以综合后形成的。

(1) 集思广益法小组的组成。

小组由 6 名左右有经验的人员组成,其中设一名主持人。主持人须头脑清晰,思维敏捷、善于引导,并有所准备。

（2）集思广益法的实施步骤。

分三个阶段进行：

① 预写阶段。开会前先通知与会者所议的议题，并发给每人两张设想（方案）填写表，要求与会者先进行思考，并在每张表格上填写三种有较大区别的设想（方案），持表参加"会议"。由主持人宣布会议开始并做有关说明后，与会者将填有三种方案的表格的一张传给右坐者。各人接到表后，6 分钟内，在他人填写的设想启发下，往传来的表上填写三个补充的或新的设想。这样，半小时之内可传 5 次，当自己初始填写的表传到本人时，停止传阅，利用 10 分钟进行综合联想。

② 畅谈阶段。与会者以精练的语言概要地宣读原设想、在传阅过程中产生的新设想或修订方案，并一一记录在黑板上，在宣读方案过程中可以补充发挥，但严禁评判，评判推迟到下一阶段进行，以免过早地下断言，打击他人的积极性，束缚想象力。在宣读方案的过程中，如果受到启发，产生新的构思，或者对原方案有新的补充，可以往保留在每人手中那张没有传递的表中填写，这一阶段大约需要 10 分钟。

③ 评价阶段。与会者对抄录在黑板上的各种设想方案进行分析归纳，并且以独创性、可行性和实用性为标准进行评价，从优选择，获取创造性方案。

方案选择后，为便于决策，还可以进行专家测评。请 30~50 名专家，将方案（每个方案一张表）寄给他们，请专家们对方案以"很同意"、"同意"、"犹豫"、"不同意"和"很不同意"的其中任一种态度，表示自己意见。专家意见反馈后，绘成山形图，这样，提供决策比较直观。同时表格中留出补充和修改意见栏，以及提出新设想和新方案栏，以吸取专家意见。

4）德尔菲法

德尔菲法是一种重要的预测决策方法，也是一种重要的群体创新技法。德尔菲法有如下三个特点：

（1）匿名性。

在德尔菲法的实施过程中，专家间彼此互不相知，这样既不会受权威意见的影响，也不会使应答者在改变自己意见时顾虑是否会影响自己的威信，各种不同论点都可以得到充分的发表。

（2）信息反馈沟通。

专家从反馈回来的问题调查表上了解到发展意见的状况,以及同意或反对各个观点的理由,并依次各自作出新的判断,专家们不会受没有根据的判断的影响,反对的意见也不会受到压制。

(3)对问题作定量处理。

对预测时间、数量等问题可直接由数目表示,再按程序处理,对规划决策问题可采取评分的方法,把定性的问题转化为定量的问题。

德尔菲法的实施步骤如下:

(1)制订征询调查表。

征询调查表是运用德尔菲法向专家征询意见的主要工具,它制订得好坏,将直接关系着征询结果的优劣。在制订调查表时,须注意以下几点:

① 对德尔菲法作出简要说明。为使专家全面了解情况,调查表一般都应有前言,用以简要说明征询的目的与任务,以及专家应答的作用,同时对德尔菲法的程序、规则和作用做出简要说明。

② 问题要集中。问题要集中,有针对性,不要过于分散。各个问题要按等级由浅入深地排列,这样易引起专家应答的兴趣。

③ 避免组合问题。如果一个问题包括两个方面,一个方面是专家同意的,而另一方面则是不同意的,这时专家就难以做出回答。因而应避免提出"一种技术的实现是建立在另一种方法的基础上"这类组合问题。

④ 用词要确切。所列问题应该明确,含义不能模糊。在问题的陈述上要避免使用含义不明确的词汇。

⑤ 调查表要简化。调查表应有助于专家做出评价,应使专家把主要精力用于思考问题而不是用在理解复杂和混乱的调查表上。在调查表简化上花费一定的力气,将起到事半功倍的效果。

⑥ 要限制问题的数量。如果对问题只要求做出简单回答,问题的数量可以适当多些,如果问题比较复杂,则数量可以少些。一般认为,问题数量的上限以25 个为宜。

(2)选择专家。

在征询调查表拟定后,就要据此选择专家。在选择专家时,不仅要注意选择那些精通本学科领域、有一定名望、有学派代表性的专家,同时还要注意选择边缘学科、社会学和经济学等方面的专家,要考虑选择的专家是否有充分的时间认真填写调查表。经验表明,一个身居要职的专家匆忙填写调查表,往往不如一般专家经过深思熟虑认真填写的调查表更有价值。专家小组的人数一般以 10～50 人为宜,最佳人数为 15 人左右。为了保证人数的稳定,预选人数要多于规定人数。

(3)征询调查。

运用德尔菲法,通常经过四轮的征询调查。

第一轮向专家小组成员发出询问调查表,允许任意回答。调查表统一回收后由领导小组进行综合整理,用准确的术语提出一个"征询意见一览表"。

第二轮把征询意见一览表再发给专家小组成员,要求他们对表中所列意见做出评价,并相应地提出其评价的理由,领导小组根据返回的一览表进行综合整理后,再反馈给专家组成员。第三、第四轮照此办理。

(4)确定结论。

在经过四轮征询后,通常专家小组的意见都表现出明显的收敛趋势,逐渐地趋于一致。领导小组可以据此得出最后结论。

5)戈登法[18]

戈登法是由美国人威廉·戈登创始的,这是一种由会议主持人指导进行集体讨论的技术创新技法。这里认为头脑风暴法还存在以下缺点:

第一,头脑风暴法在会议一开始就将目的提出来,这种方式容易使见解流于表面,难免肤浅。

第二,头脑风暴法会议的与会者往往坚信唯有自己的设想才是解决问题的上策,这就限制了他的思路,提不出其他的设想。

为了克服上述缺点,戈登法规定除了会议主持人之外,不让与会者知道真正的意图和目的。在会议上把具体问题抽象为广义的问题提出,以引起人们广泛的设想,从而给主持人暗示出解决问题的方案。戈登法设会议主持人 1 人,与会人 5～12 人,人选的要求与头脑风暴法大致相同。

下面以开发新型剪草机为例说明戈登法的步骤。

(1)确定议题。

主持人的真正目的是要开发新型剪草机,但是不让与会人知道。剪草机的功能可抽象为"切断"或"分离",可选"切断"或"分离"为议题。但是如果定为"切断",则使人自然想到需要使用刀具,对打开思路不利,于是就选定"分离"为议题。

（2）主持人引导讨论。

主持人：这次会议的议题是"分离"。请考虑能够把某种东西从其他东西上分离出来的各种方法。

甲：用离子树脂和电能法能够把盐从盐水中分离出来。

主持人：您的意思是利用电化学反应进行分离。

乙：可以使用筛子将大小不同的东西分开。

丙：利用离心力可以把固体从液体中分离出来。

主持人：换句话说，就是旋转的方式吧。就像把奶油从牛奶中分离出来那样……

（3）主持人得到启发。

例如，使用离心力就暗示使滚筒高速旋转。从这个暗示中，主持人就得到这样的启发：剪草机是否可以使用高速旋转的带锯齿的滚筒，或者电动剃须刀式的东西。主持人把似乎可以成功地解决措施记到笔记本上。

（4）说明真实意图。

在讨论的议题获得了满意的答案后，主持人把真实的意图向与会者说明。可以与已提出的设想结合起来研究最佳方案。

6）卡片法

卡片法也称卡片式智力激励法。科技辅导员主持"卡片法"会议，通过每位与会者写卡片和发言陈述显露其发明思路，互相启发，从而使发明设想更加完善。

卡片法的具体做法有两种：一种叫 CBS 法，另一种叫 NBS 法。

（1）CBS 法的具体做法是：会前明确会议讨论的发明目标。每次发明小组会议由 3 至 8 人参加，每人发几十张卡片，桌上另放一些备用卡片，会议时间为 1 小时。最初 10 分钟各人在卡片上填写解决问题的设想，每张卡片上定一个设想。接下来 30 分钟，每个人轮流宣读自己的设想，一个人只读一张。宣读之时，其他人可提出质询，若受到启发产生新设想可填在桌上备用卡片中。最后 20 分钟，让与会者相互交流和探讨各自提出的设想，从中再引导出新的设想。

（2）NBS 法的具体做法是：会前明确发明战略，发明小组会议由 5～8 人参加，每人必须提出五个以上的设想，每个设想填写在一张卡片上。会议开始时，各人出示自己的卡片，并依次给予说明。在别人宣读设想时，如果自己发生"思维共振"产生新的设想，就立即写在卡片上，待会议发言完毕，将所有卡片集中起来，按内容进行分类，横排在桌子上，并在分类卡上加上标题，然后再进行讨论，挑选出最好的方案。

6. 联想法[19]

联想发明法是依据人的心理联想而发明的一种创造方法。联想就是由一事物想到另一事物的心理现象。这种心理现象不仅在人的心理活动中占据重要地位，而且在回忆、推理、创造的过程中也起着十分重要的作用，许多新的创造都来自人们的联想。

例如，上海新巷地段医院的朱长生，运用联想发明法成功地发明了"注射青霉素过敏快速试验法"。我们知道注射青霉素前先要进行过敏试验，目前常用的是皮下试验，这样除了病人有痛感和试验时间长（要 20 分钟左右）外，还会出现假阳性、假阴性，造成误诊。朱长生经研究发现，在青霉素的结构中有带负电荷的酸根，这时他就想到用导电原理，将青霉素透入皮肤内，根据这一设想进行了试验，果然有效。低压直流电不仅能使青霉素透入皮肤内，而且还由于电流促进血液、体液的流动以及神经系统的生理和生化作用，提高了试验的敏感度，只要 5 分钟就可得到试验结果。

联想可以在特定的对象中进行，也可以在特定的空间中进行，还可以进行无限的自由联想，而且这些联想都可以产生出新的创造性设想，获得创造的成功。我们还可以从不同类型的联想中发现不同的联想方法，去进行发现、发明和创造。联想的方法一般为接近联想、对比联想、相似联想、自由联想和强制联想。

1）接近联想

发明者在时间、空间上联想到比较接近的事物，从而设计新的发明项目，这就叫作接近联想法。1939 年，德国化学家哈思和奥地利物理学家麦特纳宣布一项重大发现：研究中子在粒子加速器中轰击铀所产生的现象。意大利物理学家费米运用接近联想法，由上述重大发现进行接近联想，在美国芝加哥大学一个石墨块反应堆中，于 1942 年 12 月 2 日使此反应堆里的中子引起裂变，从而产生核能。

2）对比联想

发明者由某一事物的感知和回忆引起与它具有相反特点的事物的回忆,从而设计出新的发明项目,这就叫作对比联想法。对比联想可分为下列几种:

（1）从性质属性对立角度进行对比联想。

例如,日本的中田藤三郎从属性对立的角度进行思考,对圆珠笔进行改进。1945 年圆珠笔问世,写 20 万字后漏油,后来对圆珠笔进一步改进制成的笔,书写 20 万字后,恰好油被使用完,这里就运用了对比联想法。

（2）从优缺点角度进行对比联想。

发明者在从事发明设计时,既看到优点,看到长处,又要想到缺点,想到短处,反之亦然。例如,铜的氢脆现象使铜器件产生缝隙,令人讨厌。铜发生氢脆的机理是:铜在 500℃ 左右处于还原性气体中时,铜中的氧化物发生氢脆,这无疑是一个缺点,人们想方设法去克服它。可是有人却偏偏把它看成是优点加以利用,这就是制造铜粉技术的发明。用机械粉碎法制铜粉相当困难,在粉碎铜屑时,铜屑总是变成箔状。把铜置于氢气流中,加热到 500～600℃,时间为 1～2 小时,使铜屑充分氢脆,再经球磨机粉碎,合格铜粉就制成了。

（3）从结构颠倒角度进行对比联想。

从空间考虑,前后、左右、上下、大小的结构,颠倒着进行联想。一般人进行数学运算都是从右至左、从小到大进行运算,但史丰收运用对比联想,反其道而行之,从左至右、从大到小来进行运算,运算速度大大加快。

（4）从物态变化角度进行对比联想。

即看到从一种状态变为另一种状态时,联想与之相反的变化。例如:18 世纪,拉瓦把金刚石锻烧成 CO_2 的实验,证明了金刚石的成分是碳。1799 年,摩尔沃成功地把金刚石转化为石墨。金刚石既然能够转变为石墨,用对比联想来考虑,那么反过来石墨能不能转变成金刚石呢? 后来终于用石墨制成了金刚石。

3）相似联想

对相似事物进行联想,又可称类似联想。1957 年 10 月 4 日,苏联运用相似联想法,成功地发射了世界上第一颗人造地球通信卫星,这颗卫星就是世界上第一艘太空船。

4）自由联想

在人们的心理活动中,不受任何限制的联想。这种联想成功的概率比较低,大都能产生许多出奇的设想,但难以成功,可有时也往往会收到意想不到的创造效果。如荷兰生物学家列文虎克就曾从自由联想中,发现了微生物。1675年的一天,天上下着细雨,列文虎克在显微镜下观察了很长一段时间,眼睛累得酸痛,便走到屋檐下休息。他看着那淅淅沥沥下个不停的雨,思考着刚才观察的结果,突然想起一个问题:在这清洁透明的雨水里,会不会有什么东西呢?于是,他拿起滴管取来一些水,放在显微镜下观察。没想到,竟有许许多多的"小动物"在显微镜下游动。他高兴极了,但他并不轻信刚才看到的结果,又在露天下接了几次雨水,却没有发现"小动物"。过几天后,他再接雨水观察,又发现了许多"小动物",于是,他又广泛地观察,发现"小动物"在地上有,空气里也有,到处都有,只是不同地方"小动物"的形状不同、活动方式不同而已罢了。列文虎克发现的这些"小动物",就是微生物。这一发现,打开了自然界一扇神秘的窗户,揭示了生命的新篇章。列文虎克正是通过自由联想而获得这一发现的。

5)强制联想

它是与自由联想相对而言的,是对事物有限制的联想。这限制包括同义、反义、部分和整体等规则。一般的创造活动,都鼓励自由联想,这样可以引起联想的连锁反应,容易产生大量的创造性设想。但是,具体要解决某一个问题,有目的地去发展某种产品,也可采用强制联想,让人们集中全部精力,在一定的控制范围内去进行联想,也能有所发明和创造。

联想的方法是多样的,我们还可以从对象的因果联系上去进行联想,也可依据事物的同类原则去进行联想,还可以从事物之间相关特性去进行联想。各种各样的联想方法都可以产生出创造性设想,获得创造的成功。这里关键不是运用哪一种联想方法,而关键在于,我们要解决什么问题?需要进行什么创造?要达到怎样的目的?我们应根据各自的不同要求和想法,有意地或无意地去进行联想,从联想产生的设想中去获得创造成功。

7. 列点发明法

列点发明法是针对事物或现象的缺点与希望点来说的,具体而言,它可分为缺点列举发明法和希望点列举发明法。

1)缺点列举发明法[20]

缺点列举发明法指通过发现现有事物的缺陷,把各种缺点一一列举出来,然后提出改革或革新的一种技法。缺点列举发明法重在发现问题,找出事物的缺点,每发现一个缺点,提出一个问题,就找到了一个创造性发明的课题。金无足赤,人无完人。世界上没有尽善尽美的东西,现在没有,将来也不会有。有的人善于观察、研究、分析,能经常发现许多事物的缺点和问题。而有的人由于惰性心理的影响,安于现状,得过且过,对事物存在的缺点熟视无睹,因此,也就失去了一个又一个创造发明的良好机遇。例如,美国一位名叫海曼的画家,有一天他在用铅笔画素描时,需要用橡皮擦除,可是小小的橡皮经常找不到,他又急又恼火,干脆用细绳把笔与橡皮联结起来,但使用起来还是不方便。他想:要是铅笔上有块橡皮就好了。这提醒他搞出一项发明:他在铅笔的尾部装了一块小橡皮,后来,带橡皮的铅笔获得了专利,逐步在世界上推广开来。那么,运用缺点列举法应遵循何种程序呢,这里有四个步骤供参考:

(1)定课题。课题要相对小些、简单些,这样比较容易成功。如果课题过大,可以把它分解开来,就该课题的局部进行考虑。

(2)确定与课题有关的信息种类,如材料、功能、结构等。

(3)根据已知的信息一一列出缺点。

(4)针对一个或几个缺点提出改进方案。

现在以"伞"为例,即课题就是伞,与伞有关的信息种类有材料、功能、结构及其他,下面就以伞的演变来看一下人们是怎样一一发现伞的缺点和怎样进行改进的(如图 2 - 28 所示)。

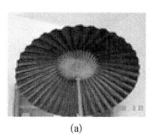
(a)

(b)

(c)

图 2 - 28 伞 的 改 进

早在公元前 11 世纪,中国人就发明了伞,这种伞的主要结构有伞衣、伞柄、伞骨。材料有油纸、油布、竹子,如图 2 - 28(a)所示。功能是遮阳和遮雨,在使用过程中,人们根据其存在的缺点一一改进如下:

（1）伞衣。油纸不结实改用油布，油布太粗糙改用细布或尼龙布。单色布不美观，不容易辨认，改用花色布。有的同学想到在撑伞的时候遇上顶面风，伞撑在前面挡住了视线，特别是晚上，走在路上看不清前面的车辆，很容易发生车祸，于是发明透视伞和带有观察窗的伞。

（2）伞柄、伞骨：

① 竹质的伞柄、伞骨不结实改成钢质的伞柄、伞骨。

② 直伞柄不能挂，在伞柄下面装上弯把，如图 2-28（b）所示。

③ 伞尖长而尖，易伤人，改成圆钝形。

④ 伞太长不易携带，改成折缩型。

⑤ 伞开合不便就改成自动启合伞。

（3）功能：

① 天下雨时一手持伞，一手握电筒，照明不方便，人们发明了照明伞。

② 散热消暑和一物多用伞。

③ 储存太阳能，夜间照明伞（如图 2-28（c）所示）。

（4）种类：

① 晴雨两用伞；

② 情侣伞和帽伞；

③ 母子合用高低伞；

④ 不用手持肩背伞；

⑤ 能在雨天消除伞边缘滴水的"电动旋转伞"；

⑥ 撑在自行车上的车用伞。

运用缺点列举发明法进行创造性思维，可以一个人进行，也可几个人一起进行，大家一起研究，集思广益，取长补短，往往会取得更大的成功。

2）希望点列举发明法

希望点列举发明法是指从人们的愿望出发，提出许多构想，产生出实用的创造发明，是一种有效的创造性思维方法。

我们穿的服装千变万化，不断更新，这是因为顾客的"愿望"在不断地改变，而制造最时髦的服装的方法之一，正是按顾客的要求来设计服装式样。如有人曾希望有一种不用纽扣、穿脱方便的服装，于是服装设计人员研制出一种尼龙搭扣的服装；还有人希望有胖瘦都可以穿的衣服，于是厂家又设计出可以伸缩变形的膨体衫。又如,医生希望准确、轻便地进行脑外科手术,于是,机器人设计研究人员发明了脑外科手术机器人(如图 2 - 29 所示)。

图 2 - 29　医疗护理——脑外科手术机器人

在创造性发明过程中,为了了解人们对产品需求的各种愿望,发明家有时还采取开会、讨论或采访的形式去收集人们的想法,这些想法就称为"希望点",通过对大量希望点的列举,就能找出较好的革新方案。

当然,并非所有的设想和愿望都可变成发明。例如,早期就有设想一种叫"永动机"的机器,只要机器开动,不用任何燃料或能量便能一直不停地工作下去。有不少工程师、发明家都为此绞尽脑汁,并制造出各种稀奇古怪的机器。然而,无论他们怎么精心设计,这些机器总不能永动下去。后来,科学家研究证明,根据能量守恒定律,永动机是不可能存在的。这才使许多人认识到永动机器的愿望只是一种不符合科学道理的幻想,是不可能成功的。

然而,我们也不要轻易否定自己的幻想和愿望,因为许多科学的发现如技术的发明往往都是来自一种"不太现实"的愿望,只是这种愿望或幻想最终都被科学所证实。

8. TRIZ 方法

1)简介

TIRZ 的含义是发明问题解决理论,是由苏联发明家根里奇·阿奇舒勒(G. S. Altshuller)在 1946 年创立的。阿奇舒勒发现任何领域的产品改进、技术的变革、创新和生物系统一样，都存在产生、生长、成熟、衰老、灭亡的过程，是有规律可循的。人们如果掌握了这些规律，就能能动地进行产品设计并能预测产品的未来发展趋势。以后数十年中，阿奇舒勒穷其毕生的精力致力于 TRIZ 理论的研究和完善。在他的领导下，苏联的数十家研究机构、大学、企业组成了 TRIZ 的研究团体，分析了世界近 250 万份高水平的发明专利，总结出各种技术发展进化遵循的规律模式，以及解决各种技术矛盾和物理矛盾的创新原理和法则，建立一个由解决技术问题，实现创新开发的各种方法、算法组成的综合理论体系，并综合多学科领域的原理和法则，建立起 TRIZ 理论体系。

TRIZ 的核心是技术进化原理。按这一原理，技术系统一直处于进化之中，解决矛盾是其进化的推动力。它们大致可以分为 3 类：TRIZ 的理论基础、分析工具和知识数据库。其中，TRIZ 的理论基础对于产品的创新具有重要的指导作用；分析工具是 TRIZ 用来解决矛盾的具体方法或模式，它们使 TRIZ 理论能够得以在实际中应用，其中包括矛盾矩阵、物—场分析、ARIZ 发明问题解决算法等；而知识数据库则是 TRIZ 理论解决矛盾的精髓，其中包括矛盾矩阵（39 个工程参数和 40 条发明原理）、76 个标准解决方法等。

相对于传统的创新方法，比如头脑风暴法等，TRIZ 理论具有鲜明的特点和优势。它成功地揭示了创造发明的内在规律和原理，着力于澄清和强调系统中存在的矛盾，而不是逃避矛盾，其目标是完全解决矛盾，获得最终的理想解，而不是采取折中或者妥协的做法，而且它是基于技术的发展演化规律研究整个设计与开发过程，而不再是随机的行为。

实践证明，运用 TRIZ 理论，可大大加快人们创造发明的进程而且能得到高质量的创新产品。它能够帮助我们系统的分析问题情境，快速发现问题的本质或者矛盾，它能够准确确定问题探索方向，不会错过各种可能，而且它能够帮助我们突破思维障碍，打破思维定式，以新的视角分析问题，进行逻辑性和非逻辑性的系统思维，还能根据技术进化规律预测未来发展趋势，帮助我们开发富有竞争力的新产品。

经过半个多世纪的发展，TRIZ 理论和方法已经成为一套解决新产品开发实际问题的成熟的理论和方法体系，它工程实用性强，并经过实践的检验，如今已在全世界广泛应用，创造出成千上万项重大发明，为众多知名企业取得了可观的经济效益和社会效益。

2）TRIZ 的九大经典理论体系

TRIZ 理论包含九大经典理论的体系。

（1）TRIZ 的技术系统八大进化法则。阿奇舒勒的技术系统进化论可以与自然科学中的达尔文生物进化论和斯宾塞的社会达尔文主义齐肩，被称为"三大进化论"。TRIZ 的技术系统八大进化法则分别是：① 技术系统的 S 曲线进化法则；② 提高理想度法则；③ 子系统的不均衡进化法则；④ 动态性和可控性进化法则；⑤ 增加集成度再进行简化法则；⑥ 子系统协调性进化法则；⑦ 向微观级和场的应用进化法则；⑧ 减少人工进入的进化法则。技术系统的这八大进化法则可以应用于产生市场需求、定性技术预测、产生新技术、专利布局和选择企业战略制定的时机等。它可以用来解决难题，预测技术系统，产生并加强创造性问题的解决工具。

（2）最终理想解。TRIZ 理论在解决问题之初，首先抛开各种客观限制条件，通过理想化来定义问题的最终理想解（ideal final result，IFR），以明确理想解所在的方向和位置，保证在问题解决过程中沿着此目标前进并获得最终理想解，从而避免了传统创新涉及方法中缺乏目标的弊端，提升了创新设计的效率。如果将创造性解决问题的方法比作通向胜利的桥梁，那么最终理想解就是这座桥梁的桥墩。最终理想解有四个特点：① 保持了原系统的优点；② 消除了原系统的不足；③ 没有使系统变得更复杂；④ 没有引入新的缺陷等。

（3）40 个发明原理。阿奇舒勒对大量的专利进行了研究、分析和总结，提炼出了 TRIZ 中最重要的、具有普遍用途的这 40 个发明原理，分别是：① 分割；② 抽取；③ 局部质量；④ 非对称；⑤ 合并；⑥ 普遍性；⑦ 嵌套；⑧ 配重；⑨ 预先反作用；⑩ 预先作用；⑪ 预先应急措施；⑫ 等势原则；⑬ 逆向思维；⑭ 曲面化；⑮ 动态化；⑯ 不足或超额行动；⑰ 一维变多维；⑱ 机械振动；⑲ 周期性动作；⑳ 有效作用的连续性；㉑ 紧急行动；㉒ 变害为利；㉓ 反馈；㉔ 中介物；㉕ 自服务；㉖ 复制；㉗ 一次性用品；㉘ 机械系统的替代；㉙ 气体与液压结构；㉚ 柔性外壳和薄膜；㉛ 多孔材料；㉜ 改变颜色；㉝ 同质性；㉞ 抛弃与再生；㉟ 物理/化学状态变化；㊱ 相变；㊲ 热膨胀；㊳ 加速氧化；㊴ 惰性环境；㊵ 复合材料等。

（4）39 个工程参数及阿奇舒勒矛盾矩阵。在对专利研究中，阿奇舒勒发现，仅有 39 项工程参数在彼此相对改善和恶化，而这些专利都是在不同的领域上解决这些工程参数的冲突与矛盾。这些矛盾不断地出现，又不断地被解决。由此他总结出了解决冲突和矛盾的 40 个创新原理。之后,将这些冲突与冲突解决原理组成一个 39 个改善参数与 39 个恶化参数构成的矩阵,矩阵的横轴表示希望得到改善的参数,纵轴表示某技术特性改善引起恶化的参数,横纵轴各参数交叉处的数字表示用来解决系统矛盾时所使用创新原理的编号。这就是著名的技术矛盾矩阵。阿奇舒勒矛盾矩阵为问题解决者提供了一个可以根据系统中产生矛盾的两个工程参数,从矩阵表中直接查找化解该矛盾的发明原理来解决问题。

(5) 物理矛盾和四大分离原理。当一个技术系统的工程参数具有相反的需求时,就出现了物理矛盾。比如说,要求系统的某个参数既要出现又不存在,或既要高又要低,或既要大又要小等。相对于技术矛盾,物理矛盾是一种更尖锐的矛盾,创新中需要加以解决。物理矛盾所存在的子系统就是系统的关键子系统,系统或关键子系统应该具有为满足某个需求的参数特性,但另一个需求要求系统或关键子系统又不能具有这样的参数特性。分离原理是阿奇舒勒针对物理矛盾的解决而提出的,分离方法共有 11 种,归纳概括为四大分离原理,分别是空间分离、时间分离、居于条件的分离和系统级别分离等。

(6) 物—场模型分析。阿奇舒勒认为,每一个技术系统都可由许多功能不同的子系统所组成,因此,每一个系统都有它的子系统,而每个子系统都可以再进一步地细分,直到分子、原子、质子与电子等微观层次。无论大系统、子系统、还是微观层次,都具有功能,所有的功能都可分解为 2 种物质和 1 种场(即二元素组成)。在物质—场模型的定义中,物质是指某种物体或过程,可以是整个系统,也可以是系统内的子系统或单个的物体,甚至可以是环境,取决于实际情况。场是指完成某种功能所需的手法或手段,通常是一些能量形式,如磁场、重力场、电能、热能、化学能、机械能、声能、光能等。物—场分析是 TRIZ 理论中的一种分析工具,用于建立与已存在的系统或新技术系统问题相联系的功能模型。

(7) 发明问题的标准解法。标准解法是阿奇舒勒于 1985 年创立的,共有 76 个,分成 5 级,各级中解法的先后顺序也反映了技术系统必然的进化过程和进化方向。标准解法可以将标准问题在一两步中快速进行解决,标准解法是阿奇舒勒后期进行 TRIZ 理论研究的最重要的课题,同时也是 TRIZ 高级理论的精华。标准解法也是解决非标准问题的基础,非标准问题主要应用 ARIZ 来进行解决,而 ARIZ 的主要思路是将非标准问题通过各种方法进行变化,转化为标准问题,然后应用标准解法来获得解决方案。

（8）发明问题解决算法（ARIZ）。ARIZ 是发明问题解决过程中应遵循的理论方法和步骤，ARIZ 是基于技术系统进化法则的一套完整问题解决的程序，是针对非标准问题而提出的一套解决算法。ARIZ 的理论基础由以下 3 条原则构成：① ARIZ 是通过确定和解决引起问题的技术矛盾；② 问题解决者一旦采用了 ARIZ 来解决问题，其惯性思维因素必须被加以控制；③ ARIZ 也不断地获得广泛的、最新的知识基础的支持。ARIZ 最初由阿奇舒勒于 1977 年提出，随后经过多次完善才形成比较完善的理论体系，ARIZ‑85 包括九大步骤：① 分析问题；② 分析问题模型；③ 陈述 IFR 和物理矛盾；④ 动用物—场资源；⑤ 应用知识库；⑥ 转化或替代问题；⑦ 分析解决物理矛盾的方法；⑧ 利用解法概念；⑨ 分析问题解决的过程等。

（9）科学效应和现象知识库。科学原理，尤其是科学效应和现象的应用，对发明问题的解决具有超乎想象的、强有力的帮助。应用科学效应和现象应遵循 5 个步骤，解决发明问题时会经常遇到需要实现的 30 种功能，这些功能的实现经常要用到 100 个科学效应和现象。

TRIZ 方法是一个很庞大的理论和方法系统，本章仅仅给出一个简单的介绍。如果对此感兴趣，可以查阅专门的书籍，例如杨清亮的《发明是这样诞生的——TRIZ 理论全接触》[21]。

部分创造发明方法列表

名　称	具体方法	优　点	缺　点	应用领域
头脑风暴法	通过一种特殊会议，使参加的人员（6～12 人）围绕一个课题发散思维，相互启发，填补知识空隙，引起创造性设想的连锁反应以产生众多的设想，然后综合集体创造性思维的一种技法	1. 低成本，高效率 2. 获取广泛的信息、创意，互相启发，集思广益，在大脑中掀起思考的风暴，从而启发策划人的思维，想出优秀的策划方案来	1. 实施效果受学员素质影响 2. 邀请的专家人数受到一定的限制，挑选不恰当，容易导致策划的失败 3. 由于专家的地位及声誉的影响，有些专家不敢或不愿当众说出与己相异的观点	在军事决策和民用决策中得到较广泛的应用
组合发明法	按一定的技术原理，把某些技术特征进行新的组合，构成新的技术方案的发明方法	1. 可以个人完成，也可以集体完成 2. 简单易行、见效较快	创新性不明确，有待证实	随意性较大，找出可以组合在一起的事物，去掉不能组合的事物，进行发明创造

名　称	具体方法	优　点	缺　点	应用领域
奥斯本检查提问法（检核表法）	罗列产品设计中的诸多相关问题，进而对这些问题进行回答和分析而获得创意的一种创造方法	1. 思考问题的角度具体化 2. 操作十分方便，效果也相当好	是改进型的创意产生方法，必须先选定一个有待改进的对象，然后在此基础上设法加以改进，它不是原创型的	是针对某种特定要求制定的检核表，主要用于新产品的研制开发
列点发明法	缺点列举发明法：通过发现现有事物的缺陷，把各种缺点一一列举出来，然后提出改革或革新的一种技法 希望点列举发明法：从人们的愿望出发，提出许多构想，产生出实用的创造发明	1. 列举得越多越好，可以是空想甚至幻想 2. 个人进行，也可团队进行	1. 缺点列举法是一种被动型的创造发明方法 2. 对使用技法者在创造性思维的各种素养（如：感知、体验、抽象、想象等）方面提出了更严格的要求 3. 并非所有的设想和愿望都可变成发明	应用非常广泛

参考文献

[1] http：//tech. sina. com. cn/d/focus/2009invention/index. shtml.

[2] http：//www. ebusinessreview. cn/articledetail - 6422. html.

[3] http：//jingyan. baidu. com/article/af9f5a2dfa581943140a45f4. html.

[4] http：//zhidao. baidu. com/question/60683744. html.

[5] 选自：毛泽东时代的建设成就（转载）.

[6] http：//big5. china. com. cn/firbry/2001 - 10 - 26/2001 - 10 - 26 - 16. htm.

[7] http：//songshuhui. net/archives/70521.

[8] http：//wenku. baidu. com/view/acca263043323968011c923b. html.

[9] http：//wenku. baidu. com/view/dbb6d28e680203d8ce2f245d. html.

[10] http：//www. cnsa. gov. cn/n615708/n984628/n984635/72110. html.

[11] http：//wenku. baidu. com/view/efd0e58102d276a200292ee6. html.

[12] http：//wenku. baidu. com/view/921a6419650e52ea55189867. html.

[13] http：//wenku. baidu. com/view/d65f55f9aef8941ea76e055c. html.

[14] http：//wenku. baidu. com/view/819143244b35eefdc8d33347. html.

［15］http：//www. kepu365. com/kepu/KPZW/200701/75472. html.

［16］http：//baike. baidu. com/view/47029. htm.

［17］http：//baike. baidu. com/view/1098832. htm.

［18］http：//baike. baidu. com/view/1115360. htm.

［19］http：//wenku. baidu. com/view/5981f70976c66137ee06197d. html.

［20］http：//www. 795. com. cn/dz/dzxt/976_1. html.

［21］杨清亮. 发明是这样诞生的——TRIZ 理论全接触［M］. 机械工业出版社,2006.

第三章
需求驱动的创新

第一节　导　　论

通过前面两章的讲述可知,设计主要完成两个任务。第一个任务是要确定设计的正确目标,即确保设计正确的事物(Design the right thing),具体来说就是确定合理的、有价值的需求。在需求确定下来之后,设计的具体目标也就明晰了。设计的第二个任务,是将事物设计得正确(Design the thing right),这一般也是狭义上所讲的设计过程。对评价整个设计过程的最终成败来说,设计的第一个任务即确定需求,变得越来越重要。需求,日益成为创新和设计过程的第一驱动力。

在前面的两章内容中,本书一再强调在设计中要体现创新,否则设计产物将缺乏竞争力。随着竞争的加剧和客户要求的提高,创新已经成为成功的设计中必不可少的和最让人(无论是设计者本人还是客户)关注的因素。而在本章中,将强调需求的驱动作用,因此本章的标题定为"需求驱动的创新"。为了降低创新和设计的风险,提高创新和设计的效率,最有效的方法是从有价值的需求开始。从一般意义上来说,"确定正确的事"比"把事情做正确"更重要,前者从战略上和大方向上决定了后者。世界上第一台个人电脑(Personal Computer,PC),是 20 世纪 70 年代由两位年轻人乔布斯和沃兹(两人是苹果电脑公司创始人)设计开发的。当时很多有更雄厚技术实力和经济实力的公司(包括 IBM 公司、王安公司在内),虽然具有"把 PC 做正确"的绝对实力,但是由于没有认识到个人对电脑产品的需求,因此给苹果电脑公司以诞生和快速发展的机会。在其他领域同样如此,比如社会领域。中国 100 多年的近代史,实际上是中国人民确立和选择中国社会制度的历史。通过近代这段历史,中国人民从封建制度、资本主义制度和社会主义制度中最终选择了社会主义制度,也就是确定了"正确的事"。建国后的中国现代史,则可以视为如何将社会主义制度建设得更完善的历史。实际上,设计正确的事物和将事物设计正确必须有机地结合在一起,两者都正确才能保证最终的结果是正确的、成功的。如果第一步确定了错误的事物或者目标,则无论第二步如何努力,最终结果都难以令人满意。因此,本章强调的一个关键,就是设计应当从确定需求开始。

本章将讲述如下几个方面的内容,首先讲述什么是需求,然后是需求与创新的关系,接下来讨论如何发现有价值的需求,最后是需求驱动的创新案例及剖析。

第二节　需　　求

1. 需求的定义

简单地讲,需求是指人们对现实世界的明确的或潜在的期望或者不满。具体到设计来说,需求是指设计产物的具体使用者或者承受主体,对设计产物的明确的或潜在的期望或者追求。需求是人们心理上的一种诉求,这种诉求有时候可以被明确地表达出来或者容易感知到,有时候却隐藏在人们心里很难被明确地感知。因此确定需求并不是一件容易的事情。

设计是面向特定人群的需求的,这些特定的人就是设计产物潜在的购买者和使用者。在本章中,设计所面向的这些潜在的购买者和使用者统一被称为"客户"。比如当设计一部手机时,客户是可能购买和使用这部手机的人。客户的概念是在商品交换中产生的,是指承接价值的主体(通俗讲就是给钱购买商品的人)。对设计过程来说,客户的概念有所细化,是指设计交付成果的使用者,同时也是设计成果的订购者和支付者。在这里需要说明几点。

(1) 有的客户购买设计成果并非为了使用,而是为了转卖,但最终还是要落到使用者头上——设计过程所关心的客户也是这些使用者,因此客户也可称为用户。

（2）有时候客户并不直接订购设计成果，而是通过喜好而间接地表达需求。比如当设计一项制度时，客户是这项制度所影响到的人们，这些人们是通过赞成或者反对来表达对这项制度设计得好坏的一种个人认识。

（3）客户或支付者的概念是广义的。比如当政府设计一项制度或者法令时，也可以将公民视为该制度或法令的客户。

客户是需求的载体或者代表。表面上设计是为了满足客户，本质上是为了满足需求。设计过程应当着眼于需求，而非着眼于客户。客户是在交换中产生的，既然已经有了客户，说明市场已成形，需求已明朗。因此，着眼于客户，意味着着眼于当前客户的需求，意味着在已有的市场上竞争。而着眼于需求，则可以分析需求的变动，从而及早开始对潜在客户进行培养和开发，开拓新的市场。当然，需求的发现可以在对现有客户和潜在客户的分析基础上进行。

人类可以说是一直在"发现需求"和"满足需求"的过程中进步。人们希望治疗和预防各类疾病，从而推动了人们对医药医学的探索，进而生产了各类药物和发明了各种医疗手段来加强疾病的防治。人们想渡海远行，推动了轮船的发明。人们想记录所发生的事情或者自己的感悟，从而促成了纸和笔的发明等。可以说，每一项重大发明，都几乎起源于人们的需求。只不过，在人类社会发展水平还不很高的年代，从需求提出到技术实现一般需要漫长的历程。在科技水平高度发达的今天，需求的技术实现过程已经变得比较容易。

2. 基本型需求、期望型需求和兴奋型需求

关于客户需求，日本学术界和产业界有自己的重视和理解，并且将客户需求成功地纳入其产品开发和生产过程中的质量控制之中。所以，日本在产品质量控制领域处于全球领先地位。

在这里介绍东京理工大学教授狩野纪昭（Noriaki Kano）和他的同事提出的Kano模型。Kano模型的有关思想最初形成于1979年，并于1984年正式发表在日本质量管理学会的杂志《质量》上[1]。该模型可以简单地用图3-1来说明，其中横坐标表示设计产物的设计水平，亦即设计产物的属性、功能等的一种度量；纵坐标表示客户满意度，亦即客户对设计产物的满意水平。根据Kano模型，客户的需求可以分为三类，分别是：基本型需求、期望型需求和兴奋型需求。

（1）基本型需求，即客户认为设计产物"必须有"的属性或功能。比如，如今设计的汽车要能够开动，设计的椅子要能够坐人，对客户来说便是满足了其基本型需求。当这类特性不充足（不满足客户需求）时，客户很不满意；当这类特性充足（满足客户需求）时，也不会引起客户特别的注意和满意。因此，对某项设计产物来说，它满足了客户的基本型需求，不代表设计得很成功；但是如果没有满足这类需求，则表明该设计肯定是不成功的。

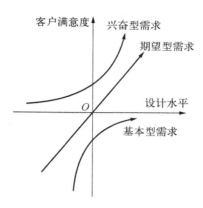

图 3-1　需求的三个层次[1]

（2）期望型需求，是指客户希望得到但并不是设计产物"必须有"的属性或功能。比如，对一辆新设计的汽车来说，客户希望它能够更加节油；对没有空调的学生宿舍来说，学生们希望配置一台冷暖空调；对手机来说，人们希望能够可视通话；对于法律制度来说，人们希望它更加公平、公正等。一般来说，期望型需求容易被客户感知和表达。在设计之前的客户调查中，客户谈论的通常是期望型需求。期望型需求在设计中实现的越多，客户就越满意；否则客户就不满意。

（3）兴奋型需求，是指设计产物能够提供给客户一些完全出乎意料的属性或功能，使客户产生惊喜。当这类特性不充足时，客户一般无所谓——因为他们自己没有想到；当设计产物提供了这类需求中的特性时，客户就会对产品非常满意，从而提高客户的忠诚度。比如乔布斯和沃兹在 1976 年设计的个人电脑Apple Ⅱ，拥有许多令人炫目的设计特性：第一次有塑料外壳，第一次自带电源装置而无须风扇，第一次装有英特尔动态 RAM，第一次实现 CPU 和主板共享RAM，第一次在主板上带有 48 K 容量，第一次可玩彩色游戏，第一次装上游戏控制键，第一次设内置扬声器接口，第一次具有高分辨率图形功能等。这些设计特性客户们从来没有想过，但又好像是他们梦寐以求的，因此 Apple Ⅱ 的设计给客户带来的是实实在在的惊喜。因此，Apple Ⅱ 是历史上第一款最成功、经典的个人电脑。

上述划分给设计者的最大启示，是在设计过程中如何从客户的需求出发把握创新。对于基本型需求,设计者一方面要注意在设计中必须满足——如果新设计的一部手机不能打电话,有其他再多的功能也没有用;另一方面,设计者也应看到在满足这些需求方面是难以创新的——任何设计者都很难在这些方面比其他人做得更好,充其量是做到了。而对于期望型需求和兴奋型需求,则是设计者容易创新的领域,也是体现不同设计者差异的地方。能否抓住有价值的期望型需求,或者在设计中加入合理的创新元素满足客户的兴奋型需求,是设计能否成功的关键。

当然,KANO模型对需求的三个层次划分不是绝对的。随着时间的推移,不同类型的需求是互相转化的。Apple Ⅱ的那些当时令人兴奋的设计特性,后来逐步变成所有人的基本型需求,到现在有些更成为过时的、人们不再需要的设计了。因此,把握需求是一个因时、因地、因人的动态过程。

3. 物质需求和精神需求

人们的需求有时候可以客观地描述,比如:希望车辆行驶的最高速度达到120公里每小时;希望车辆的百公里油耗在8升以下;希望笔记本电脑的运行速度达到300 MIPS;希望鼠标的价格低于100元;希望宾馆的入住手续能在3分钟之内办理完毕等。对于这些可以客观描述的需求,一般是实实在在的并且有一定的科学规律可循,在本章中暂称为物质需求,以便与后面讲到的精神需求相区分。

与物质需求相对应的是精神需求,主要指人们从艺术、审美和精神层面对设计产物的需求。例如2010年上海世界博览会场馆的建设,有人喜欢中国馆的雄伟、大气和中国文化的精神与气质(如图3-2(a)所示),也有人喜欢拥有多层屋

(a) 中国馆　　　　　　　　　　　　　(b) 泰国馆

图3-2　世博会场馆外形效果图[2]

顶、高耸塔尖等浓郁泰式风情的泰国馆(如图 3-2(b)所示)。这类建筑外形的
设计虽然也关注建筑的强度、可靠性等物质需求,但从文化、艺术、审美等精神层
面的需求对其影响非常大,也是决定其设计成败的关键要素。

物质需求和精神需求对设计过程产生影响的一个典型例子是 20 世纪 30 年
代至 70 年代的汽车外形设计。20 世纪 30 年代,得益于空气动力学的发展,汽
车外形设计中开始采用流线型设计,以减少空气阻力和降低燃油消耗。也就是
说,汽车的流线型设计最开始是从科学的角度,而不是从艺术的角度出发的。当
时流线型设计的汽车中,最经典的当属德国大众汽车公司于 1938 年推出的甲壳
虫轿车(如图 3-3(a)所示)。该车推出后,因为二战期间大众汽车公司被改为兵
工厂而一度生产停滞,二战后恢复生产并迅速成为欧洲最畅销的车型。到 20 世
纪 80 年代,该车型累积销售达 2 000 多万辆,到了今天仍然在以相似的面目出现
在市场上。

(a) 老款甲壳虫　　　　　　　　　　(b) 老款凯迪拉克轿车

图 3-3　20 世纪 30 年代的流线型轿车和非流线型轿车[3]

在 20 世纪四五十年代流线型轿车在欧洲盛行的同时,美国市场上的流线型
轿车却没有受到同样的欢迎。当时大多数美国人从审美的角度出发,更喜欢有
棱有角、大气的汽车,如图 3-3(b)所示的老款凯迪拉克轿车——虽然这种车比
起流线型轿车来说不省油。很多美国人认为流线型轿车不好看,而且空间小。
在 20 世纪 70 年代的石油危机之前,美国人对汽车外形的这种精神需求一直主
宰着美国的汽车市场,以致当时美国市场上流线型汽车的销量都不很景气。其
他销量较好的汽车要么不采用流线型,要么在流线型的设计基础上增加了一些
装饰以求得好看。但是,这些装饰一般都破坏了流线型设计的本意,使得本来省
油的设计变得不再省油,汽车设计史上称这类车是"伪流线型"。直到石油危机

之后,面对高企不下的石油价格,美国人才开始真正关注汽车的经济性。从这时候起,流线型设计的汽车才开始在美国流行起来。

从上述例子可以看到,源自艺术、文化和审美的精神需求,有时候也是左右设计成败的关键因素。

4. 需求的主体差异化

需求的主体即客户在地域、年龄、性别、收入、文化背景等方面是各不相同的,这也就决定了其需求是千差万别的。举例来说,上百万元的豪华跑车有人喜欢,十万元左右的小轿车有人需要,三万元左右的小汽车也同样有很多人购买。这些不同价位的汽车虽然在设计、配置上有天壤之别,但在每个级别上都不乏市场欢迎的杰作面市。因此,从需求的主体差异化出发,针对不同客户群体的特殊需求进行设计,也是创新的一条重要途径。

从一定意义上来说,大多数情况下设计产物都是面向某个特殊的群体而不是全人类的。因此,在设计之前就需要找准定位,然后针对目标客户群的特殊需求进行设计。图 3-4 所示是三星设计的概念级盲人触摸式手机"Touch Messenger",该手机上方是盲文输入键区,下方是盲文显示区。通过该手机,盲人用户可以发送和接收手机短信。试想,全球大约有 1.8 亿盲人,这一创新的设计将给这些人带来多大的惊喜! 也因此,"Touch Messenger"盲人手机在由美国工业设计协会和美国《商业周刊》共同举办的 IDEA 2006 设计奖上获得了"概念单元"金奖。除汽车、手机这样的产品以外,其他设计产物如制度、法令的设计更是如此。任何制度、法令,都是在考虑了当地大多数人的希望、意见之后制定的,

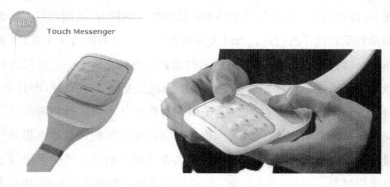

图 3-4　三星盲人手机[4]

否则它们就不是一项成功的设计。

第三节 需求与创新

1. 需求驱动的创新和技术驱动的创新

在科技不发达的年代，人们有很多需求，但是创新和设计过程往往受限于技术手段的匮乏。这就在人们心目中逐渐形成了一种印象，那就是"想到容易，做到却很难"，因而技术手段非常受重视。这对设计和创新有极大影响，即不管是否有需求，仅仅从技术的可实现来进行创新和设计。这在本章暂且称之为"技术驱动的创新"模式。在社会和科技发展水平较低的年代，这种模式具有较高的成功率，似乎每一项凡技术可实现的设计成果，总可以找到有需要的用户。

时至今日，从技术可实现进行设计和创新仍然是很多设计者的习惯性思维。很多人仍然习惯于按照图3-5所示的流程，在尚未充分考虑需求的情况下进行技术研发和设计，最后将成果推向市场。然而，完全由技术驱动的设计和创新具有很大风险。如图3-6所示的方轮自行车，在科技馆中可以给孩子们带来新的体验——这种平时看起来根本不能骑行的自行车在专用的弧形轨道上居然可以骑动。这是一项启发孩子们创新性思维的新颖设计。然而，如果有公司以设计大胆创新为理由大量生产这类自行车，并将其作为商品卖给以代步为目的的普通民众的话，人们肯定会说这家公司疯了。这种自行车虽然设计新颖，并且可以满足特定的需求，但是与普通民众的代步需求相去甚远。仅仅从技术的可行性出发进行设计和创新，将具有很大的盲目性，因此一般不提倡这种技术驱动的原则。当然，这并不意味着技术在设计过程中不重要，只是我们强调技术活动需要在需求的驱动下进行。需要说明的是，本章中提到的"技术"是一个广义的概念，并非狭义地指科学技术和工程技术，而是泛指为完成设计任务所采用的一切方法和手段。

图3-5 技术驱动的设计

图 3-6 设计新颖的方轮自行车[5]

对我国的产品设计来说,技术驱动的设计思维有着很深的历史烙印。我国近代开始科技全面落后于西方,特别是工业基础几乎是零。清朝末年,随着洋务运动兴起,开始引进技术开办各类工厂,最著名的当属江南机器制造总局,即今天上海江南造船厂的前身。但当时引进的仅仅是制造技术,远远不是工业产品的设计技术。后来,我们开始手工画图,并逐步引进和掌握了各类计算机辅助绘图工具。但绘图仅仅是对设计产物的一种表达,还不是设计。再后来,在掌握了一些技术的基础上,我们开始对引进的设计图纸进行修改,直至近期的一些跟踪开发,因而在设计能力上提升了一个很大的台阶。近年来,随着一批中国企业成为全球最强,已经没有可以学习(或者无法学习)的对象,这些企业也开始从挖掘需求开始规划新产品的设计。这种变化对我国实现真正意义的自主开发和创新,从制造业大国走向制造业强国来说,具有非常重要的意义。

从技术驱动转向需求驱动,既是设计科学本身的要求,也是社会发展的必然规律。随着人类社会文明和科技的发展,人们的需求越来越多样化和个性化,一项单纯从技术角度出发推出的设计成果未必与客户的需求相吻合。与此同时,由于在大多数领域都会有众多设计能力优秀的公司相互竞争,人们的选择也越来越多。随着科技水平的提高,除尖端科技领域以外,大多数领域的设计从需求提出到技术实现的过程变得越来越容易。在设计中,需求和技术的天平逐渐在向着需求的方向倾斜。很多情况下设计的成败不再受制于技术手段上是否能够达到,而是要看是否具备对客户需求的准确把握。很多情况下,决定"设计什么"比决定"如何设计"变得更为重要。一系列成功的经验和失败的教训表明,设计过程中所确定的技术方案从不同角度出发进行评价可能有好有坏,但是如果需求不恰当或者没有意义,则设计方案在根本上就是失败的——无论设计方案从技术角度来说如何完美,整个设计过程都将劳而无功。这也是技术驱动原则最大的风险和问题。因此,设计过程的第一关键要务应当是要正确地理解和确定客户的需求。而且,如果先于竞争对手发现了客户的潜在需求,并根据对客户需求的把握进行了正确的设计,则这种创新将为客户和企业自身带来很高的价值。可见,需求的正确理解和把握已经成为设计之前必须要完成的工作。

　　综上,现代设计提倡需求驱动的设计和创新,即首先发现和挖掘客户的需求,然后根据需求进行针对性地设计。其思想可以简单地用图3-7进行描述。图3-7所示的设计流程与图3-6的根本区别是,它的起点是需求发现和分析,而不是技术研发。当然,在需求确定之后,设计的完成需要一些技术手段和方法的支持。可以说,技术手段和方法对设计的完成来说至关重要——当企业拥有雄厚的技术积累时,设计的完成更加快捷和完美。但是,技术手段的选择是服务于需求的满足的。需求分析是用来确定设计任务,而技术手段是用来完成设计任务的。在这种分工中,虽然需求分析和技术手段都很重要,但是二者的先后顺序和优先级一目了然。而且,技术手段除了依靠企业已有的技术积累,还可以借助企业外的有偿知识服务。因此,极而言之,需求分析对一个企业的设计来说是必需的,但是对完成该设计任务来说企业却不一定非要自身具备所有的相关技术手段不可。

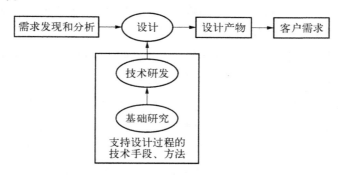

图3-7　需求驱动的设计

通过图 3-6 和图 3-7 的对比,可以显著地发现技术驱动和需求驱动原则下的设计过程的区别。概括起来,需求驱动的优点包括:

(1) 需求驱动原则下的设计成功率高、风险小,而技术驱动原则仅从技术的潜力或可能去考虑设计,容易与需求相背离。

(2) 需求驱动原则自上而下,可以根据需要选择合适的技术手段和方法,以免仅仅局限于设计者本人所熟知的技术。

(3) 在需求驱动原则下,设计者抓住了主要矛盾,某些具体问题的求解则可以委托给外部资源进行解决,有助于降低设计的时间和经济成本。

(4) 需求驱动的原则,有助于设计者从具有更高价值的需求入手进行创新,从而增加设计的附加值。

由于实际的设计过程要复杂得多,下面通过几个具体的案例,进一步对需求驱动原则进行剖析,以便阐明为什么要强调需求驱动的创新。

2. 为什么要强调需求驱动的创新

在此所举的几个案例,有的是关于产品的,有的是关于非产品的,用以说明需求驱动原则对各种设计产物的重要性。

案例一:电报的发明

电报是一种最早的、可靠的即时远距离通信方式,它是 19 世纪 30 年代在英国和美国发展起来的。在未发明电报以前,人们进行长途通讯的主要方法是驿送、信鸽和烽烟等。驿送是由专门负责的人员,乘坐马匹或其他交通工具,接力将书信送到目的地。建立一个可靠及快速的驿送系统需要十分高昂的成本,在交通不便的地区更是不可行。信鸽通讯的可靠性甚低,而且受天气、路径所限。烽烟等通讯方法是发出肉眼可见的讯号,然后以接力方法来传讯。这种方法同样是成本高昂,而且易受天气、地形影响。在发明电报以前,只有最重要的消息才会被传送,而且其速度在今天来看非常缓慢。

电报在刚出现时绝对是一个高科技的产品,它利用电流(有线)或电磁波(无线)作载体,通过编码和相应的电处理技术实现人类远距离传输与交换信息的通信方式。然而,电报的发明人塞缪尔·莫尔斯(1791~1872)既不是物理学家,也不是电磁学家,他是当时公认的一流的画家。一个偶然的机会,他接触到了电磁学,由此他想到一个问题:既然电流可以瞬息通过导线,能不能利用电流来实现远距离的信息传递呢？根据这个设想，他开始刻苦学习各种知识，并根据需要请教不同领域的专家，先是化学教授盖尔，然后是电磁专家约瑟夫·亨利，还有具有机械背景、动手能力强的贝尔，在这些人的帮助以及莫尔斯本人的艰苦努力下，最后基本形成了后来广泛应用的电报机原型。他最重要的贡献，是第一个想到用点、划和空白的组合来表示字符，从而大大简化了电报的设计方案和装置。这就是著名的"莫尔斯电码"，是电信史上最早的编码。

电报的发明无疑是一个非常经典的成功案例，从中我们可以得到如下几个启示：

（1）有价值的需求对整个设计过程起着一个引领的作用。如今我国上到政府，中到公司，下到个人，都在强调创新。其中最重要的一点，应当是立足国内的发展，发现那些对国家发展和人民生活有益的需求。只有把这些有价值的需求发掘出来，然后进行攻关，才能真正创造价值，赢得发展。同样，作为国内培养人才的最重要机构，大学在培养人才时除了授业解惑，更重要的是培养大学生们的需求意识，使他们及早建立发现需求和问题的能力。

（2）需求（问题）找到了，接下来是利用各种知识来解决问题。莫尔斯发明电报的这段历程无疑是艰苦卓绝的，他耗费了十年心血、尝试了各种失败。但是，这段过程的关键是两个方面：一是坚持，二是搜集或学习相关的知识。坚持属于个人品质，也与需要解决的问题有多大价值有一定关系。而第二个方面在今天已经不是很难的事情了。举例为证，1964年美国五角大楼曾经启动一项"第N国计划"，意在检验其他国家在没有任何帮助的情况下能否制造出核弹。该计划选中了两位年轻人德伯森和塞尔登，他们均掌握一定的物理学知识，但没有任何的核经验，更不可能接触到真正的核秘密。这两人在两年多的时间里，在没有任何人帮助的情况下，仅利用公开发表的资料，便设计出了原子弹。根据他们的设计报告，一家机械工厂便可以生产出核弹。核弹的设计尚且如此，对于其他很多设计来说也是可以做到的。

（3）在一项创新性的设计工作中，协作是加快设计过程、提高设计质量的有效途径。对设计来说，需求和总体方案是最重要的，其他所需要的知识除了设计者本人通过学习获得之外，还可以委托给一些具有专业知识的人或者组织协助。随着设计产物越来越复杂，加上设计周期不可能拖得太长，广泛利用外部资源是一种很好的选择。

案例二：听证议政制度——让制度更符合民意

上面的案例说明在产品设计领域需求发现的重要性。同样,国家或地区法令法规的设计或制定,也需要将"客户需求"——即民意体现出来,才能最大限度地体现社会公正,得到大多数公民的拥护。

目前我国的立法一般通过人民代表大会来制定,西方国家通过议会来制定,这些现代国家制度均在很大程度上保证了所制定的法律能够反映人民大众的需求。同时,在制定一些具体的法令、定价机制、司法审判规则时,一般会采用听证制度——即推选一些利益相关者代表,对法令和政策的制定充分发表意见,最后形成政策。经过这些环节,使得各级政令在发布之前就已经考虑了公众的意见和需求,从而能够容易被公众所接受。

案例三：技术不能决定一切,需求颠覆领先

计算机是 20 世纪人类最伟大的高科技产品。世界上第一台电子计算机ENIAC(埃尼阿克)是 1946 年 2 月 14 日问世的。如图 3-8 所示,它由 17 468 个电子管、60 000 个电阻器、10 000 个电容器和 6 000 个开关组成,重达 30 吨,占地160 多平方米,耗电 174 千瓦,耗资 45 万美元。这台计算机每秒只能运行 5 000次加法运算,或 400 次乘法,比机械式的继电器计算机快 1 000 倍。因此,这时计算机的功能还非常少,计算速度还非常慢。

图 3-8　世界第一台计算机[6]

计算机发明之后,其计算速度和存储容量一直是最受关注的问题。直到1965 年之前的这 20 多年时间里,计算机都是整机单件制造的,价格也非常昂贵——只有美国国防部、美国航空航天中心这样的单位才能买得起。每开发一款新计算机,都是为了具备某种新的、特殊的功能,以满足用户新的、特殊的要求。所以,每开发一款新计算机时,指令集、外围设备、应用软件等都要从头做起。虽然新机型也会采纳和吸收老机型的一些经验,但整个说来每个新机型的产品线都是独立的、不同的、不能通用的,因而是不能兼容的。不同厂家,乃至同一厂家不同时期生产的电脑,其操作系统、处理器、应用软件等都不能兼容。用户一旦改换不同的电脑或更新电脑,就必须重新改写原来的程序或软件。这不仅给用户更换电脑带来极大麻烦,而且对电脑产业的发展极为不利。因此,电脑系统的兼容问题是电脑产业发展中的突出障碍,而且兼容性问题一旦解决,用户所关心的另外一个因素价格也会降下来。可以说,兼容性是当时对计算机提出的最大需求。而且这种需求是容易感知到的,当时几乎每个生产计算机的厂家都听到了来自客户对兼容性的渴求。然而,只有 IBM 公司重视并满足了这一渴求。

IBM 公司也是从用户那里捕捉到了他们对计算机兼容性需求。随着市场的发展和用户对计算机依赖程度的增高,不兼容的问题越发引起用户的不满。对用户来说,先前的系统和应用程序已成为累赘。利用新技术意味着一笔勾销对旧有系统和软件的投资,而且要把数据资料转换成新格式或转移到新地址中。因此,IBM 的用户不断地向销售人员和高层经理人员抱怨,乃至对现有产品系列提出强烈批评。这使 IBM 的高层管理人员确信:更高程度的兼容是时代的呼唤,是市场竞争成败的关键。然而,对于兼容问题,在 IBM 的高层管理人员和技术人员之间有很大的分歧。直到 1961 年年末,IBM 的计算机都是由工作关系紧密的团队设计的,设计师们也习惯于在没有干扰的情形下做出所有必要参数的决策。虽然 IBM 的高层管理人员早就希望有一组兼容的产品线,但该公司的设计师和工程师却一直认为这是一个不切实际的设想和难以完成的目标。更有甚者以辞职相威胁,但是,IBM 的管理委员会表示,他们宁愿把任何一位不将兼容看作公司首选目标的经理或工程师撤掉。

1964 年 4 月 7 日,在全世界 77 个城市同时举行的新闻发布会上,IBM 公司宣布兼容的 360 系统计算机诞生。此后的市场反应极其强烈,在随后的月份里订单如潮水般涌入。从 20 世纪 60 年代下半期开始，IBM 因兼容和价格降低而击败了一个个竞争对手，在业界一枝独秀（如图 3-9 所示）。

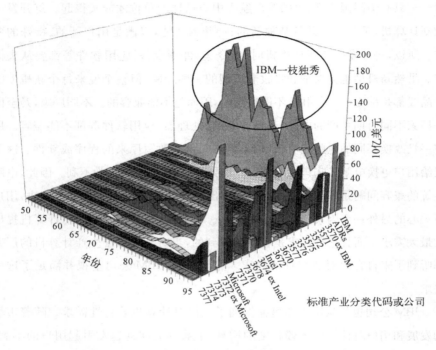

以 1996 年不变美元计算的计算机产业各部分的市场价值

图 3-9　20 世纪 60 年代至 90 年代 IBM 在计算机界的地位[7]

IBM 的成功，在于抓住了需求变化创造的机遇。计算机开始出现时，人们更多关注的是计算速度等功能上的要求。随着计算机应用的推广，人们的需求发生了本质的变化，这时兼容性上升为最关键的需求，如图 3-10 所示。IBM 公司不惜血本地将兼容性作为公司的第一目标，可以说具有超凡的远见和勇气。也许在今天看来做到这一点不是很难——谁还会想象计算机居然是不兼容的呢？但对比一下另外两家公司就可以看出，真正将需求作为设计的出发点是多么的不容易。

两家公司中的一家是大名鼎鼎的苹果电脑公司。苹果电脑公司于 1975 年推出了世界上第一台个人电脑——此前的电脑都是为大型企业或组织生产的大型计算机。在长达五六年的时间里，苹果电脑公司都是个人电脑领域的唯一霸主，依靠其独到的设计、创新的功能满足了个人对计算机的需求。由于苹果电脑

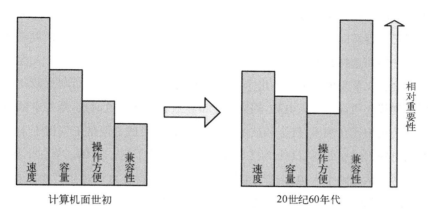

图 3 - 10　对计算机需求的相对变化示意

公司的产品都是前人没有做过的,每次推出新产品都会带来令客户惊喜的功能和设计变化,因此该公司为客户实现了价值最高的兴奋型需求。然而,这一成功仅仅维持到 1981 年——IBM 公司进入个人电脑领域之前。此前,苹果电脑公司推出的电脑产品是互不兼容的,虽然苹果电脑受到客户的欢迎,但这并不意味着个人客户就不关注兼容性。IBM 公司虽然进入个人电脑领域比苹果电脑公司晚了将近六年,但他没有盲目地从技术上跟从,而是从产品的兼容性需求上打开了缺口。IBM 公司推出的个人电脑产品是相互兼容的,并且很快对外开放了IBM - PC 标准,这一标准很快成为业界的事实标准。一大批公司,如惠普、康柏以及今天的绝大多数个人电脑公司都采用了这一标准,生产与 IBM 电脑相兼容的产品。这些互相兼容的电脑产品很快占领了市场,而长期执业界牛耳的苹果电脑公司就此很快被边缘化。

　　另外一家是当时赫赫有名如今却销声匿迹的王安公司,该公司由著名的华人王安博士创建。如同该公司的名称一样,王安公司具有强烈的个人色彩。王安 1940 年毕业于交通大学,然后前往美国哈佛大学深造。王安博士是位技术天才,年轻时期便研发成功磁存贮专利,并靠这笔专利转让费成立了王安实验室,而后在 1955 年转变为王安公司。王安公司的鼎盛时期是 20 世纪 70 年代,当时研发的大型文字处理机在功能和易用性方面超过 IBM 同类产品,从而取得很大成功。但是之后王安公司却日益走向衰落。虽然后人总结其失败经验时有多种说法,其中大多数人把公司衰败的原因归咎于王安儿子王列的管理不善,但是有其他几个原因不能忽视。一是在大型机方面,王安公司的产品拒不实施兼容性。

虽然王安电脑在先期阶段由于功能的卓越而赢得了很多客户,但在后期阶段却由于缺乏兼容性而导致价格过高、维护成本太高、使用不方便等原因使得越来越多的客户转而选择其他公司的产品。第二个原因,王安公司失去了个人电脑的大好机会。在苹果电脑公司推出个人电脑不久,王安公司的营销副总裁便向王安博士建议公司设计个人电脑,因为这个市场成长很快。这时候,苹果电脑公司与王安公司相比在规模、资金和技术方面都还微不足道。但是王安博士本人认为个人电脑太过小儿科,没什么技术含量,因此放弃了这一市场。第三个原因,当王安博士认识到个人电脑这个市场的潜力时,开始着力设计生产个人电脑。但是,在客户普遍认为电脑产品必须相互兼容的时刻,王安公司生产的个人电脑却与其他公司的产品不兼容。其后果便是,虽然王安电脑在性能上有独到之处,比如某款个人电脑曾是同期 IBM 个人电脑速度的三倍,但是由于缺乏兼容性,仍然没有得到市场的普遍接受。而满足兼容性需求的其他后起之秀如康柏(1982 年成立),却取得了很大的成功和发展。

从以上案例可以得到如下几点启示:

(1) 即使在电脑这样一个技术发展日新月异的高科技领域,也并非是技术决定一切。技术的先进确实能够确保在满足客户需求方面具有某些优势,但是如果客户的关键需求被忽略,则在技术方面取得的优势显得微不足道。

(2) 对于暂时落后的企业来说,如果要赶上甚至超过对手,最佳捷径是比对手更好满足客户需求,这比技术上赶超对手更为有效和迅速。成功的案例如 IBM 在个人电脑领域面对苹果电脑公司做到了产品的相互兼容性。反之,如果对客户的关键需求置若罔闻,则在技术方面的任何努力都将是徒劳的。

(3) 对于暂时领先的企业来说,需要不断地挖掘客户的期望型需求和兴奋型需求,在不断给客户带来价值的同时自身得到成长和发展。IBM 公司在 20 世纪 60 年代处于行业领先地位,但面对客户对大型计算机的兼容性需求时毅然做出响应,从而更加确立了自己在大型机领域的霸主地位。可以想象,如果 IBM 没有抓住这个机会,必定会有其他公司迅速上位。而苹果电脑公司在 20 世纪 70 年代末处于个人电脑领域的绝对领先地位时,忽视了客户对个人电脑的兼容性需求,从而给了 IBM 公司赶超的机会,影响自己在个人电脑领域取得更大的成就。

第四节　需求发现

1. 需求和客户满意度

从前面的案例中可以发现,在市场竞争中失败的企业,并非完全不关注客户需求,只是关注得不够全面,或者忽略或曲解了某些关键需求。但是这些忽略或曲解却导致惨痛的失败。这可以用木桶理论来解释。对于图 3-11 中的木桶来说,它所盛水的体积即木桶容量不取决于最长的那块木板,而是取决于最短的那块木板。同样,设计产物的成败也不取决于最令客户满意的表现,而是取决于最令客户不满意的表现。因此,像最短木板一样,"关键需求"决定了设计产物的客户满意程度。因此,需求发现的最重要任务,是以提高客户满意度为目标,确定客户的关键需求。

图 3-11　木桶理论

若将设计产物和木桶作类比,客户满意度相当于木桶容量,关键需求就是木桶的最短木板或者新增加的木板。对木桶来说,改善最短木板或新增加木板(从而扩大桶的直径)均可以提高木桶的容量。最短木板相当于客户对已有设计的不满,新增加的木板相当于客户潜在的需求(注:下文中有时直接采用这种借喻)。因此,设计的关键需求主要指两类需求:一是客户对已有设计的不满,二是客户潜在的、尚未被激发的需求。确定这些关键需求,并在设计过程中加以满足,可以显著提高设计产物的客户满意度。

上述分析中需要注意如下几点:

第一,由于市场瞬息万变,关键需求与普通需求之间是相互转化的。比如在新发动机设计中,当采用高新技术改善了发动机的排放需求时,却由于增加了成本而使"价格需求"这块木板缩短了。这样,在市场竞争中,"价格需求"有可能成为新的最短木板。

第二,由于关键需求与普通需求是动态变化的,在需求分析时既要关注关键需求——这是设计过程的主要目标；同时也要关注普通需求，以免在设计过程中某些普通需求被忽视而造成新的短板。

第三，每项需求的满意程度（类似于木桶的每块木板的长度）取决于设计产物在市场上的竞争地位，即它是一个相对值。比如，在20世纪六七十年代时虽然每台计算机的价格都非常高，但是由于 IBM 在实施兼容性战略后计算机价格显著低于竞争对手，因此当时 IBM 产品在满足"价格需求"方面具有竞争力，是一块长木板。到了现在，虽然每台个人计算机的价格相比以前都非常低，但是苹果公司的电脑产品比同类配置的其他公司产品价格高出许多，因此如今的苹果电脑在满足"价格需求"方面不具有竞争力，是一块短木板。

2. 需求发现方法

需求发现的方法有很多，在此仅提供几种方法供借鉴。但是需要说明的是，作为设计过程中最具创造性的环节之一，需求发现不应拘泥于任何一种方法。

1）客户访问法

最简单的需求发现方法，是直接访问客户，让客户陈述他的不满或者期望，然后通过对这些需求信息的分类整理确定关键需求。客户作为设计产物的直接使用者，对设计产物应该是什么样的具有切身的体会和期望，因此直接访问他们容易获得意想不到的需求信息。为了使访问信息具有代表性，建议按照下述程序进行：

（1）确定客户群（或目标客户群），即明确设计产物打算给哪些人使用。

（2）按照年龄、性别、地域、收入、文化背景等因素对客户群进行分组。

（3）从每组客户中，随机抽取一定数量的样本进行访问。

（4）访问时可以采用调查表、提问等方式，访问的内容要全面且重点突出。为了让客户能够理解，问题的设置要细致和具体化。有时候甚至需要设计者提供初步的设计方案或原型，然后征询客户的意见，这样客户的需求能够表达得更为详尽和具体。针对设计原型征求客户需求的情况在软件开发中非常普遍。

（5）对访问信息的真实性进行抽样检查。

（6）对访问信息进行分类整理，找到共性的关键需求。

这里给出一个宾馆的例子。某宾馆为了提高服务质量，向入住的客人发放调查问卷，希望客人能够提出 1 条以上对宾馆服务最不满意的地方。并且对提供有效答案的客人,由宾馆提供一份小礼物答谢。结果在第一次收回的有效问卷中,超过一半的客人都提到了"办理入住手续的时间太长"这一问题。因此宾馆将"缩短客人入住手续办理时间"作为关键需求,然后将入住手续的办理流程进行了重新设计,使入住手续的办理时间从原来的平均 5 分钟缩短到了 3 分钟以内。接下来,该宾馆坚持以客户需求作为服务流程设计和优化的目标,逐步发现和解决服务流程中的不足,已经连续多年成为所在城市入住率最高的宾馆之一。

2)竞争力比较法

所谓竞争力比较法,是指调研当前已经存在的几种设计产物,分类比较其相对于客户需求的竞争力,然后从中发现关键需求。

图 3-12 所示是一个商务笔记本电脑的例子。首先列出客户对该类型电脑的所有需求,然后将市场上已经存在的 3 种典型产品进行分析比较,并且给出每种产品对应每项需求的得分(5 最高,1 最低)。该得分可以由客户进行评价,也可以由中立机构进行评价。最后根据评价结果,可以绘出一组竞争力比较曲线,如图 3-12 右侧所示。通过这组曲线,可以非常容易地知道每种产品的关键需求。比如对产品 1 来说,便携性和外观是其后续设计改进的关键需求。

需求指标		评价							
		产品1	产品2	产品3	5	4	3	2	1
1	便携性	3	4	4					
2	处理速度	5	3	4					
3	容量	5	4	5					
4	安全性	5	3	4					
5	外观	3	4	4					

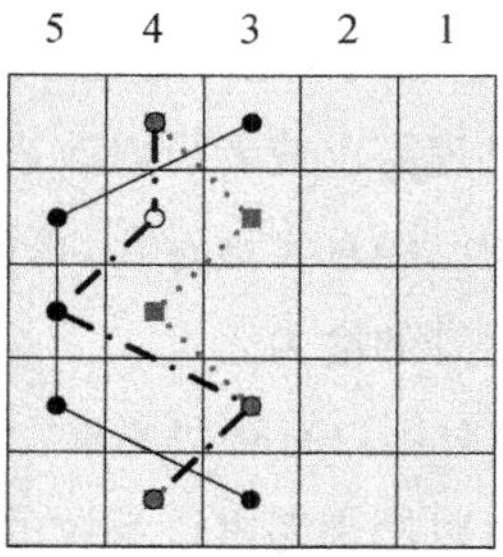

图 3-12 商务型笔记本电脑的竞争力比较

3)亲身体验法

亲身体验法,是设计者本人充当客户,亲身体会对设计产物有哪些不满或者期望。该方法与客户访问法有相通之处,区别在于两点:第一点,设计者亲身体验到的关键需求可能难以代表所有的客户,但更多时候可以发现普通客户发现不了的需求;第二点,设计者身兼两种角色,可以方便地在需求和设计方案之间进行沟通和反复迭代、螺旋上升,因而有助于将需求分析和方案设计做得深入。

这里给出一个自行车的例子。自行车的设计在近两百年内发生了翻天覆地的变化,每一步设计改进都称得上一个巨大的进步。图3-13所示是德国人德莱斯在1818年设计的自行车,被视为自行车发展的最重要里程碑和第一辆真正的自行车。德莱斯是一个看林人,他每天需要骑着自行车在树林里查看。但是当时的自行车不能转向,遇到拐弯的时候只好停下来搬动自行车调整方向。而且人骑车时只能坐在作为横梁的木板上,由于在树林里颠簸得很厉害,人坐在上面非常不舒服。因此,对德莱斯来说,能够转向和乘坐舒适成为两个迫切需要解决的关键需求。后来德莱斯为自行车增加了转向操纵杆和坐垫,从而解决了上述需求,将自行车的发展推进了一大步。

图3-13　德莱斯设计的自行车[8]

4) 系统分析法

系统分析法,是将设计产物视为一个系统(用输入、输出和内部运作机制描述),如图3-14所示,然后通过分析系统本身的特性以及系统与用户、系统与环境的关系来发现需求或者可以改进的特性。

如果系统已经真实地存在,可以通过如下一些问题来考察系统在哪些方面具有进一步提升的潜力。

(1) 系统对用户有哪些要求?

该问题可以用来考察该系统的易操作性方面,是否有改进的余地。

(2) 系统对用户有哪些危害?

该问题可以用来考察该系统的安全性方面,是否有改进的余地。

(3) 系统对环境有哪些要求?

该问题可以用来考察该系统的环境适用性方面,是否有改进的余地。

(4) 系统对环境有哪些危害?

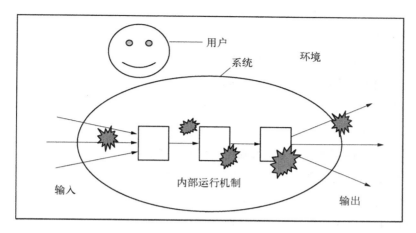

图3-14　系统与用户、环境

该问题可以用来考察该系统的环保特性方面,是否有改进的余地。

(5) 系统能实现哪些功能? 有没有必要增加或删除功能?

该问题可以用来考察系统的功能是否可以拓展或者简化。

(6) 系统每项功能完成质量如何?

该问题可以用来考察该系统的性能改进余地。

(7) 系统完成功能的效率如何?

该问题可以用来考察该系统的效率方面,是否有改进的余地。

(8) 系统的内部运行机制能否用其他更为简单有效的机制代替?

该问题可以用来考察有没有更好的技术方案来实现该系统的功能。

(9) 系统完成功能需要哪些输入? 能否减少输入或者用其他输入代替?

该问题可以用来考察该系统的输入能否改进。

(10) ……

在以上问题的指引下,可以对系统各方面的表现进行评估,然后将不佳的表现作为关键需求。

如果系统尚未真实存在(即针对一项新的设计),则可以通过如下一些问题来发现需求。

(1) 系统的用户具有什么样的特征和使用要求?

该问题可以用来确定该系统的操作性要求。

(2) 系统要实现什么样的安全规范?

该问题可以用来确定该系统的安全性要求。

（3）系统的使用环境如何？

该问题可以用来确定该系统的环境要求。

（4）国家或当地政府对环保的规定是什么？

该问题可以用来确定该系统的环保要求。

（5）系统要实现哪些功能？

该问题可以用来针对客户群确定系统的功能需求。

（6）系统完成每项功能要具有什么样的质量水平？

该问题可以用来确定该系统的性能要求。

（7）系统完成功能要具有多高的效率？

该问题可以用来确定该系统的效率要求。

（8）为完成预定功能，能否采用尽可能简单有效的内部运行机制？

该问题可以用来对设计方案提出一条普遍性的要求：简单有效。

（9）系统完成功能需要哪些输入？

该问题可以用来确定该系统的输入要求。

（10）……

通过上述一系列问题，可以系统地考察设计产物所应满足的需求，以免因遗漏某些需求而造成设计的失败。

需要指出的是，上述几种需求发现方法仅仅是一种参考，不可机械地照搬照用。需求发现过程需要设计者（或者为设计者发现需求的人）具备很好的观察和分析思考能力，在某些时候还需要一定的机遇，这样才能在杂乱无章的信息中捕捉到有价值的需求信息。另外，需求发现不可能一蹴而就，需要多次的反复迭代和细化，最后才能确定正确的、详细的需求。否则，需求发现的任何一个环节不认真，或者曲解了客户的真实需求，都有可能导致后面的设计失败，从而带来巨大的资金和时间损失。如果将国外的大型公司拿来分析，会发现他们在设计开始之前都会花大量的时间和资金在需求分析和总体方案论证上，道理就在这里。

3. 需求分析和确认

发现需求之后，在设计之前还需要进行详尽的评估，包括：

（1）评估该需求的实现，给设计者所在的团队和客户带来的价值（或收益）。

（2）评估实现该需求的技术可行性和风险等。

（3）评估实现该需求的经济可行性和风险等。

在上述一系列评估之后,才会制定详细的商业计划书,然后交由设计团队进行设计开发。

在所有评估中,需求的实现能够带来的价值(简称需求的价值)无疑是最重要和根本性的,价值越高意味着越值得去做。在对需求进行价值分析时,有几个原则可以参考。

首先一般性地分析,对前述客户三个层次的需求来说,满足基本型需求带来的价值最低,满足期望型需求带来的价值较高,引导和影响兴奋型需求带来的价值最高,如图 3-15 所示。因此,要想获取更高的价值,首先要在需求分析时去发现和挖掘客户的期望型需求和潜在的兴奋型需求。

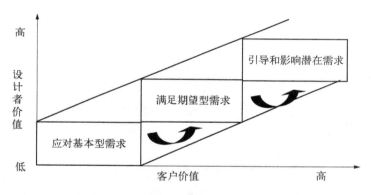

图 3-15　满足不同层次需求带来的价值

其次,在针对某特定对象进行需求分析时,虽然客户可能会列举很多需求,但是每项需求在客户心目中的地位是不同的。比如,对于价格为 20 多万元的卡车来说,如果卡车 A 的可靠性明显好于 B,而价格 A 比 B 高出 1 万元,可能大多数客户还是会选择卡车 A。这意味着,对卡车来说,5％的价格优势,在价值上要小于可靠性的优势。因此,在确定需求之后,还需要根据客户心目中的相对权重评估每项需求的相对价值,以保证在设计过程中不至于损害最重要的需求。

另外,在不同的对象或领域间进行横向比较时,也存在需求价值的比较问题,但是有时候难以确定合适的标准。例如,国防单位对尖端高性能计算机的需求,与人民群众对食品安全的需求,哪一个价值更高呢? 应该来说两者的价值都很高,但相对价值就难以比较了——前者牵涉国家安全和国家尖端科技的发展,后者涉及人民的生命和生活安全,很难说哪个价值更高。但是在某些情况下是可以比较的,比如对大飞机性能和安全的需求,在价值上显然要比"自行车防盗"这样的需求高得多。因此,在需求价值评估方面,我们一方面强调期望型需求和潜在需求的价值要远高于基本型需求,客户相对重视的需求的价值要高于其他需求,另一方面也强调对国计民生有重要意义的需求处于优先地位。

第五节　需求驱动的创新案例

本节拟以两个案例来讲述需求驱动的创新设计过程。

案例一:如何降低废旧电池的环境污染

这里提出一项需求:如何降低废旧电池的环境污染,如图 3 - 16(a)、(b)所示。该项需求的发现过程在此忽略。

(a) 生活废旧电池　　　　　　　　　(b) 工业或设备用废旧电池

图 3-16　废旧电池的环境污染(来源:百度图片和 http://www.sznews.com)

对于上述需求,可以简单地进行价值分析。首先,这个问题仍然没有很好地解决,尤其在国内,仍大量存在废旧电池随意丢弃的现象,因此这是一个值得关注和投入精力解决的问题。其次,废旧电池对环境污染十分严重,可以说是影响子孙后代生活的大问题,由此来说价值也很高。

上述所提出的需求还非常抽象,还需要根据初步的设计方案进行迭代分析和细化。过程如下。

(1)首先,针对"如何降低废旧电池的环境污染"这一需求,根据初步的方案分析,暂时选定"分类收集,集中处理"的设计方案,该设计方案既能解决问题,同时技术可行性和经济可行性较高。

(2)针对上述的初步方案,对于"如何降低废旧电池的环境污染"这一需求来说,很多人都觉得丢弃到废旧电池收集箱太麻烦,而这种收集箱又不太多,也许要走很远的路。于是,新的需求(问题)是:公民嫌麻烦,不愿意对废旧电池进行分类投放怎么办?

(3)针对上述细化了的新需求(问题),假定选中以下方案:更多地设置废旧电池收集箱,使得公民分类丢弃废旧电池时比较方便。

(4)针对上述细化了的方案,进一步评估"如何降低废旧电池的环境污染"这一需求是否被满足了,发现仍有一些问题:即使做好了宣传,可能还有许多人并没有意识到这个问题有多严重。那么,很多人不配合怎么办?

(5)针对上述新需求,我们可以采用一套新的方案进行补充:在政策上鼓励以旧换新,进行经济奖励——比如每两节旧电池可以换得一节新电池。

(6)上述细化了的方案也许能够解决问题。如果有新的问题出现,则可以根据新的问题进一步细化已有方案或者寻求新的设计方案……

通过上述过程,可知需求在初步方案的确定过程中起着非常重要的作用,每一步都是在需求的驱动下获取设计方案,然后评估该方案是否能够真正地满足需求。如果不满足,检验当前的需求或问题是什么,然后再根据新的需求或问题寻求设计方案。如此往复,直至需求信息被详细确定下来,与需求相对应的设计方案也得以细化和确定。

案例二:iPad 与平板电脑

苹果公司在设计界有着崇高的声誉,他的设计经常为客户带来意想不到的惊喜,满足许多客户的"兴奋型需求"。iPad 便是其近年来的设计杰作之一。每当其新一代产品发布时,都会有很多消费者争相抢购。在物质产品空前丰富的今天,iPad 能够卖到如此抢手甚至断货非常难得。

如果按照一般人的认识将 iPad 归到平板电脑类别中,则可以看到 iPad 在平板电脑领域占据着绝对的统治地位。在国内市场,iPad 在平板电脑中的占有率甚至一度达到 99%。仔细分析一下 iPad 的特点,苹果公司对市场需求的精准把握、在 3C 设计界的良好口碑、对核心技术的掌握等是其成功的几个最重要因素。在此主要分析一下需求因素。

平板电脑的概念最早是由比尔·盖茨在 2002 年提出来的,此前曾经有相似的产品面世。按照盖茨的想法,平板电脑最少应该是 X86 架构,否则难以胜任客户的需求。基于此想法,微软公司推出了 Windows XP Tablet PC Edition 操作系统,从而让平板电脑正式亮相于世人。这种平板电脑在保持与普通笔记本相似功能和性能的同时,能够很好地支持手写功能,一时间成为高端商务人士身份的象征。然而,这类平板电脑的致命缺陷,一是仍然太重,便携性方面未能与一般的笔记本区别开来,电池续航时间也与普通笔记本差不多;二是价格比较昂贵,很多都在 2 万元左右。因此,其市场定位基本上仅限于高端的商务人士,这就给了 iPad 很好的机会。

苹果公司对 iPad 的定位与上述截然不同,表现在如下几个方面:一是轻便,一台 iPad 的重量仅 700 g 左右,其便携性非常突出。二是电池的续航能力超长,可连续使用 10 小时左右。三是针对一般用户的功能很全面,能够提供浏览互联网、收发电子邮件、观看电子书、播放音频或视频、游戏等功能。四是操作极为简单——其输入方式多样,全屏触摸,人机交互更好,4 岁以上的孩童都能很容易地进行操控。五是价格较低,入门级 iPad 仅 499 美元。可以看出,上述几个方面与传统的平板电脑在定位上是有很大不同的。当然,为达到上述目标,iPad 在技术上做了很大的取舍。与传统的至少是 X86 架构的平板电脑不同,iPad 基于 ARM 架构,根本都不能做个人电脑,乔布斯也声称 iPad 不是平板电脑。因此,iPad 实际上是一种介于智能手机和笔记本之间的产品,可以称之为手本——其计算性能远低于笔记本,但更适合一般人的生活和娱乐需要。

因此,对细分市场需求的准确定位,是 iPad 成功的最重要因素。在 iPad 推出之后,虽然有众多针对性的产品面世,但是可以预计,在价格和设计上均具有竞争力的 iPad 在未来仍将风光一段时间。可以看出,在竞争日趋激烈的 3C 产品领域,成功永远属于那些在客户需求方面最为慧眼独具的公司。

小　结

本章着重论述需求驱动的创新原则。通过本章的分析和案例讲解,阐述了需求驱动是创新乃至设计成功的重要前提,也是国内企业进行新产品开发时需要着重加强的核心能力。

参考文献

[1] Kano N，Seraku N，Takahashi F，et al. Attractive quality and must-be quality[J]. Journal of the Japanese Society for Quality Control，1984，14(2)：147 – 156.

[2] http://www.expo.cn/♯&c＝home 2010 年上海世博会网站.

[3] http://www.pcauto.com.cn/太平洋汽车网.

[4] 刘娇. 为人民服务！三星推盲人专用触摸手机[OL]. http://www.pcpop.com/doc/0/144/144927.shtml.

[5] 新浪科技：http://tech.sina.com.cn/.

[6] 计算机的发展历史[OL]. http://www.techcn.com.cn/index.php? doc-view-113484.

[7] 鲍德温，克拉克著，张传良译. 设计规则：模块化的力量[M]，中信出版社，2006.

[8] 自行车的发明者德莱斯[J]. 工业设计，2011，4：160.

第四章
创 新 的 设 计

第一节　设计的一般概念

前一章介绍了如何发现创新的需求。在发现有价值的需求后,接着需要设计出合适的人工物(Artifact)来满足这些需求。这里的人工物是一个广义的概念,它不仅可以是物质类产品,如飞机、汽车、电脑、衣服、药品,也可以是非物质类的人工物,如投资基金、电视剧、旅游线路、社会制度等。

1. 无处不在的设计

大家在生活中碰到的很多事物都是设计的结果。传统上对于设计的理解常常偏向于艺术的,例如广告设计、室内装潢设计。另外,电影创作、小说创作、法律制度其实也都是属于设计。在广告设计中,设计师常常通过一组有某种关系的图片的组合来传达某种需要表达的意义(如图 4-1 所示);电影就是导演把各种情节(人物、环境、活动等)按照一定的顺序组合起来。大家进入大学后,首先就会碰到一个专业课程的设置,这也隐含了一种设计:老师们根据自己的经验和知识事先确定某个专业的学生将来主要会碰到什么领域问题,针对性地设置

图 4-1　环保广告的设计案例(1)

了一系列课程,使得学生在完成学业后可以掌握解决那些问题的知识。

在今后的学习过程中,大家会越来越多地涉及各种非艺术的设计。例如机械产品设计、电子线路设计、软件设计、市政规划设计。大家工作后,还会碰到其他类型的设计,如组织结构设计、业务流程设计,等等。

其实,我们每天都在设计。从早上起床开始,我们需要根据实际情况,对一天的生活进行设计,以寻求满足约束的一组过程。例如,我们一天的生活包括:洗脸、刷牙、吃早饭、上课、自修、锻炼等,先做哪一件,后做哪一件,哪些事情可以并行做,这些都需要设计。我们从宿舍到教室,也需要进行规划(设计):选择什么路线,何种交通工具。例如,我们既可以走路去教室,也可以骑车去教室,还可以坐巴士去教室。我们还可以选择这几种方式的组合去教室,例如,走路去巴士站,然后搭巴士去。

人类不只是在今天才会设计,人类在远古的时候就会设计。设计可以说是人类的一项本能,是人类实现改造自然的集中体现。马克思认为人类区别于动物的一个重要标志就是人类会创造和使用工具。在工具创造过程中其实就包含了设计。例如,在石器时代,人类就学会了制造石器工具。图 4 - 2 是一组考古挖掘出的早期的石器工具。

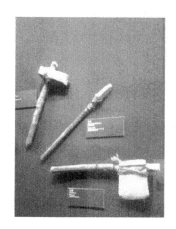

图 4 - 2　石器时代的设计[1]

可以说,只要我们生活中接触到的事物(物质的或者精神的)是非自然的,那么都是设计的结果。

2. 为什么要设计？

在阐述设计的概念时，需要弄清楚一个问题：人类为什么要设计？我们认为，这个问题可以从以下四个方面来解释。

首先，设计源于基本生存的需要。当人类感知到其周围的世界不能满足其需要（也就是说人类周围的世界存在着某种问题或缺陷）时，产生了以解决问题为目的的设计需要[2]。例如，在远古时代的冬天，人类不但设计出了房子以抵御寒风，还将兽皮剪裁出合适的形状以包裹住身体用于保暖。在现代，为了实现快速移动，人类设计出了飞机、高速列车、汽车等交通工具；为了满足信息的快速传递需要，人类设计出了 Internet；为了满足人类对于真、善、美的追求，电影导演设计并创造了很多电影作品以供人们欣赏；等等。因此，设计应该说是以需求为基础的，有目的的社会活动。

其次，设计源于社会竞争的压力（即文献[3]所说的竞争取胜）。这种社会竞争虽然有生存的因素，但主要不是以基本生存为目标，而是为了获得更大的生存空间。我国前些年大力发展的汽车制造业就是一个例子。汽车行业并不是一个必需的行业，我们通过合资已经可以造汽车，为什么还要再自己设计并制造汽车呢？一个重要原因在于：合资制造汽车满足一部分人的就业，解决他们的温饱问题，但汽车厂的大量利润被国外大的汽车企业赚去了，所以必须走自主设计的道路。因此，设计还常常是以竞争为目的的。

再次，设计创新所带来的另一个好处就是可以避免企业遭受劳动力价值规律的控制。在手机已经非常普及的年代，苹果公司为什么要开发出 iPhone？为什么 iPhone 4 可以卖 6 000 元，还供不应求，而一个低端的国产手机只卖 1 000元左右，却还没多少人购买？这看上去是非常不符合马克思主义价值规律的。马克思主义认为：商品的价格主要是由社会平均劳动力价格所决定的[4]。那为什么 iPhone 4 和国产手机的价格差距这么大呢？原因就在于：创新的产品由于其性能卓越、产品新颖，常常是社会平均劳动力所不能生产的东西，因此会永远处于供不应求的状态；而社会平均劳动力所生产的并不是创新的产品，是大家早已熟悉的、缺乏竞争力的产品，因此只能受社会平均劳动力所控制。如果中国满足于做制造业的大国，那么我们只能和印度、越南以及劳动力价格更低廉的一些非洲国家竞争，必然会受这些更不发达的国家的平均劳动力价格所压制。

最后，设计还是人类文明需要。人类文明的一个重要体现就是人类所设计出的人工物。在人类历史发展过程中，人类有着不断追求新颖事物的需要。所以，需要不断地设计出新的事物来满足这种需求。在艺术设计中，这种新颖常常是独一无二的。譬如说，法国巴黎有个艾菲尔铁塔，是建造于 20 世纪初体现工业与艺术的杰出建筑。以现在的技术，其他国家也能仿制，但都不会去仿制。在工业设计中，这种新颖常常和产品的特点以及固定的公司联系在一起，它也常常是公司品牌的重要支柱。我们国家现在虽然是个制造大国，但还不是个制造强国，更不是个创新强国。因此，虽然我们的很多企业工人起早贪黑、加班加点地干活，拿着廉价的工资，但他们的劳动并不被国外所认可。一个重要原因在于他们并没有创造出新的事物、新的发明，而只是通过体力劳动重复来制造。人类的发展历史，不仅需要物质，更需要新的文明。

3. 什么是设计？

设计是一个大家都很熟悉、甚至经常被提起的概念。可是，当我们在上课时去询问学生设计是什么时，却常常得不到满意的答案。以下是从一次课堂问卷中抽取的比较合理的关于设计的直觉认识：

设计是为某种物体、事情拟一个模型、样本或者说是蓝图的过程。

设计是一种创新行为，是找到实现自己想法的方案的过程。

设计是利用已有材料进行组合、搭配及规划，是设计者独特的理念与思维方式。

设计是想出一个东西并实现出来。

设计是美化、完善一件事物，是通过改变一个物体的外观或加强其功能以满足人们的需要。

……

上述认识或多或少地体现了设计的某些特点，但并不能算是对设计的全面认识。

设计这个词在英语里是"Design"，牛津词典关于该词有多个解释，如"drawing or outline from which something may be made"，"art of making such drawings"，"arrangement of lines, shapes or figures as decoration on a carpet, vase, etc"，"purpose or intention" [5]。把设计理解成画图（drawing）或目的（purpose）也是比较肤浅的，并不能揭示设计所隐藏的内涵。

我们认为：理解设计的概念需要理解什么是"设"，以及什么是"计"。

"设"可以被认为是"假设"的意思，这意味着任何设计都有一定的假设，要假设人工物的工作环境。在设计汽车时，我们其实假设汽车是行驶在正常的路面上，如果把汽车移到结冰的路面上，它就不能行驶。在做任何设计时，都要认真考虑清楚人工物的工作环境和范围。这也就是为什么在很多产品上，常会有产品的使用工况的提示。任何人工物都有假设，如果违背了这种假设，那么就会出事。例如，公路桥梁对承重载荷都有假设，如果不顾这种假设而严重超载，就可能会压塌桥梁，一个典型案例就是 2011 年 7 月发生在杭州的超载车辆压塌钱塘江上一座大桥的案件。在该案件中，司机违章严重超载，完全不顾桥梁设计的载重能力。

"计"在中文里是"计策/划"的意思。这个"计"在设计中可以有两方面的解释：一方面，它可以被理解成人工物的工作机制，也就是人工物在假设的环境中，组成该人工物的各个元件通过展现预定行为而达到预定目的的过程；另一方面，它也可以被理解成关于人工物如何被制造（从原材料到加工、装配的过程）的计划，它通常以图纸的形式来体现。

基于上述认识，可以认为：设计是人类的有目的的创造性活动。它是人类根据所掌握的知识将一些设计元素按照一定的关系进行组合（综合），创造出合适的产物，使其能在一定的环境中按照预想的行为运转，解决主体的需求的过程。如前所述，这里的人工物不局限于大家常见到的工业产品，还包括艺术品以及一些满足精神需求的产品，如小说、音乐。需要说明，在不同类型的设计中，设计所涉及的元素常常是不一样的。

对机械产品而言，设计元素是那些机械零部件。以自行车为例，包括轮胎、钢圈、笼头、链条、脚踏、轮轴、钢丝，等等。对于汽车而言，设计的元素包括发动机、车身、轮胎等，而发动机、车身的设计又包含了更细化的零部件，如汽缸、活塞、车门、车窗等。

对于电子线路设计而言，设计元素是指各种电子元件，例如导线、电阻、电容、二极管、三极管、存储器，等等。对于一些高级的电子控制系统，设计元素甚至还包括 PLC(可编程控制器)、微型计算机等。

软件设计中的设计元素主要是各种设计语言（如 C 语言，Basic 语言，Pascal语言等）所规定的各种基本元素，包括各种变量（如整型、字符串型、浮点型等），程序逻辑控制符(如 if，then，else，case，for，while 等)。软件的用户界面设计所涉及的元素，如按钮、文本输入框、选择框等也属于设计元素。

市政规划设计中，涉及的元素不仅包括各种景观绿化、购物广场、交通路线等，还包括那些隐藏的自来水管道、排污水管道等。

在组织结构设计中，设计的对象包括各种部门，例如金融部门、人力资源部门、物流部门、仓库、生产部门、销售部门等。

在业务流程设计中，需要考虑不同的业务信息在各个不同部门中合理、顺畅地流动，以满足各种不同的管理需要。

在艺术创作中，美术家为了表现出美，常常采用各种颜料画成的线条、图形来表现我们生活中的各种元素。例如，图 4-3 是著名画家丰子恺的一幅画，我们可以从中发现很多设计元素如夕阳、人、船、水、树等。

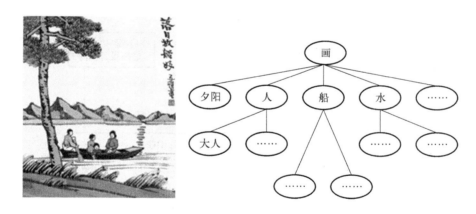

图 4-3 艺术设计中的设计元素

在电影创作中，设计的元素包括人物、事件、场景等。

在广告设计中，设计师会把多种事物(元素)组合在一起，来表现某种想要表达的意义。例如，在图 4-1 中，设计师为了表示出森林资源的重要性，选择了乱砍滥伐所逐步造成的后果：从"森"到"林"再到"木"，最后到"十字架"所代表的坟墓。

4. 如何设计？

如前所述，设计主要是人类根据所掌握的知识将一些设计元素按照一定的关系进行组合(综合),创造出合适的产物,使其能在一定的环境中按照预想的行为运转,以解决主体需求的过程。要注意,这里的设计主要是指面向创新的设计,它的特点是根据创新的需求对设计元素进行创造性的组合,形成能满足人类的新需求的人工物。这里不考虑那些以仿制或简单的改型为主的常规性设计。

设计可以分为广义设计和狭义设计。广义的设计概念包含了构造任务空间,产生可能解、测试、评估、仿真、优化,回溯和再设计等一系列过程[3]。图4-4是一个典型的广义设计过程。在图中,广义的设计过程主要包含了如下步骤:① 确认需求(含潜在的需求);② 扫描技术可能(含联想到的可能解);③ 产生矛盾统一设想(概念);④ 经济、技术分析(贯穿全过程);⑤ 设想的优选和确认;⑥ 结构的优选和确认;⑦ 材料的优选和确认;⑧ 加工过程的优选和确认;⑨ 综合评价;⑩ 产生和表述最终解。

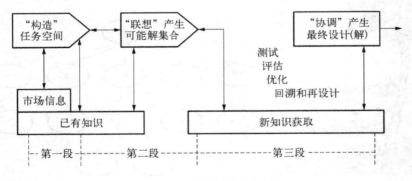

图4-4　一个广义的设计过程

狭义的设计主要涉及构造任务空间和产生设计解。图4-5是一个典型的狭义的设计的过程模型。在此图中,设计过程主要包括如下几个步骤:① 设计任务分解;② 子任务求解;③ 方案组合匹配;④ 组合方案的验证、择优。

设计任务的分解主要是指将一个大的任务分解成一些小的子任务。比如说,要设计一架飞机,就需要将其分解成多个子系统去设计,如结构强度系统、飞行控制系统、空调系统、发动机系统,等等。即便在设计一台电风扇这样看似比较简单的产品时,也常常需要将其分解成多个子任务,如外壳设计、叶片设计、转动控制设计等。设计任务分解可以带来两方面的优点:一方面可以降低设计任务的复杂性;另一方面还可以将子任务分给不同的设计员,实现并行设计,从而

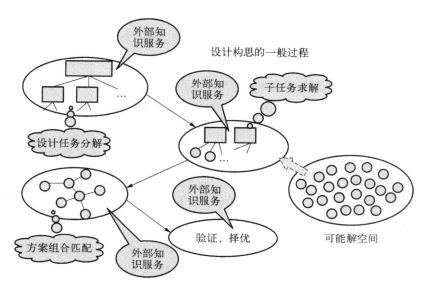

设计构思的一般过程

外部知识服务

外部知识服务

子任务求解

设计任务分解

外部知识服务

验证、择优

可能解空间

方案组合匹配

外部知识服务

图4-5 一个狭义的设计过程

达到加快设计进度的目的。

子任务求解是指寻求各个子任务的解决方案。以概念设计阶段为例,子任务通常以功能的形式存在,而解决方案则是指实现该功能的原理解。通常,实现一个子任务可能存在多个解决方案。在产品设计阶段,需要找出尽可能多的解决方案,以利于发现新颖的、有价值的解决方案。例如,对于照明这个功能而言,可以有多个方案,如煤油灯、白炽灯、日光灯、LED灯等,设计员需要根据实际情况来选择合适的照明方案。设计认知研究表明,缺乏经验的新设计员经常习惯于通过直觉来构思方案,在想到一个设计方案后就立刻付诸实施。由于方案的实施常常涉及很多因素,它通常是一个比较长的过程。因此,如果该方案有不合理的地方,则很容易造成设计反复(iteration),拖延设计进度。再者,设计任务的求解不像数学问题的求解,设计任务的结果(如工业产品)常常需要在市场上竞争,因此,多考虑一些解决方案并从中选择比较优的方案对于改善其全生命期的性能也有非常大的意义。另外,在技术系统设计里,尽可能找出多个解决方案或许还可以帮助企业避开专利壁垒。因此,设计主体应该牢记这一原则:尽可能先找出多个可能的方案,而不要一开始就陷入某个单一方案中。

方案组合匹配的目的是对各个子任务的解决方案按照一定的逻辑进行组

合,以产生总体任务的总的解决方案。在组合的过程中,一个可以用的方法是形态学箱(Morphological Matrix)[4]。由于各子任务常常有多个解决方案,设计员需要从中选择一些比较有价值的方案进行组合,这个过程通常会生成多个可能的组合解决方案。这里需要考虑的一个主要因素就是:这些子任务的解决方案的组合是否存在冲突。例如,假设某个系统需要实现一个功能组合,"供电"+"照明",针对供电功能,可能有多个解决方案如常规电池、蓄电池、220 V 交流电等;针对照明功能,则有前面提到的几个方案。那么,就会产生多个组合方案,如"常规电池+煤油灯","常规电池+白炽灯","常规电池+日光灯","常规电池+LED灯","蓄电池+煤油灯","蓄电池+白炽灯","蓄电池+日光灯","蓄电池+LED灯","常规电池+煤油灯","常规电池+白炽灯","常规电池+日光灯","常规电池+LED灯"等。显然,这些组合中有很多是不合理的,例如"常规电池+煤油灯","蓄电池+日光灯",等等。方案匹配的目的就是要识别出这些不可能的组合,并将其排除掉,以生成一组技术上可行的解决方案组合。

此时,设计员需要综合考虑设计方案所要工作的条件和外部约束(包括技术的约束、经济的约束、人文环境的约束)等多方面的因素,最终选择比较合理的、有前景的组合解决方案,以便后续的实施。这里特别需要注意,方案选择时通常不应该是单目标的,而应该是多目标的。以工业产品为例,设计方案的选择应该产品全生命期的各个因素进行全面考虑。设计员需要考虑的不仅是技术上是否可行,成本是否低廉,性能是否最优,通常还应该考虑该方案是否易于制造,在使用过程是否易于维护,在使用报废后是否会造成环境污染等多种因素。只有这样,才能设计出一个在全生命期内都有非常好性能的产品。

图 4-5 以椅子的设计为例,借以说明上述设计的一般过程。在椅子的设计中,通常可以把它分解成三个子任务:椅背设计、椅面设计,以及椅腿设计。椅背设计有多种解决方案,如栅格硬背、实面硬背、海绵软背等;椅面设计也有多种解决方案,如硬板面、网纹软面等;椅腿也有多种形式,如四立腿、三角腿等。通过匹配综合,可以生成多种椅子,如图 4-6 所示。

需要指出,设计过程常常是一个任务(问题)空间和解决方案空间的共同进化的过程。这种共同进化过程体现在:通常一个设计任务的解决并会诱发新的设计任务,从而引起任务空间的变化;而任务空间的变化又会诱发新的相关解决方案的生成,从而引起解空间的变化。以照明台灯的设计为例,假设用户最初需

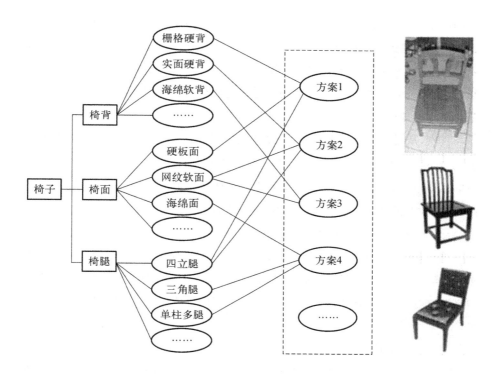

图 4-6 椅子的设计过程示例

要的功能是产生光,设计师采用了白炽灯技术原理。由于白炽灯在工作过程中会产生大量的热量,那么可能需要散发热量这样的功能模块,这就会引起任务空间的变化,从而进一步驱动新的设计求解过程,导致解空间的变化。这种共同进化的过程在创新产品设计过程中大量存在,也是影响产品创新的一个重要因素。特别需要说明的是,原理解在履行功能时,常会有一些附属的副作用(side effects)的产生。需要对这些副作用特别注意,否则它们很可能会在产品工作时产生负面的影响,造成系统失效。

5. 艺术设计与工程设计

从不同的角度,可以对设计进行不同的分类。这里,我们根据是否可以用逻辑的方法来认识设计,可以将其分为两大类:艺术设计和工程设计。尽管同属于设计,艺术设计和工程设计有很大的不同。

首先,从思维方法学的角度来说,艺术设计中非常提倡灵感,因为珍稀艺术品的创作很难用逻辑的思维来描述；工程设计则更强调逻辑化，原因在于工程设计的产品需要更高的可靠性、稳定性，而只有逻辑化的、系统化的方法才能保证工程设计的产品的质量和可靠性。因此，艺术设计更多被看作是一种人类的神秘（mysterious）活动，而工程设计则被看作是比较理性的逻辑过程，它通常可以用自然界的规律来进行认识。

其次，从设计的过程来说，艺术设计的过程往往不能再现。例如，人类无法再现贝多芬的乐曲创作过程，创作时完全凭着直觉；同样，人类也无法再现达芬奇的巨作——蒙娜丽莎的微笑，即便有一些高度相似的赝品，但赝品终究是赝品。相反，工程设计的过程则可以再现，而且为了保证设计结果的准确、合理，工程设计的过程还经常需要被再现，以进行校验。

再次，从设计的结果来说，艺术设计的结果往往不可复制。即便可以复制艺术品，其复制品也不会具有与原作品相同的价值。人们虽然可以把"蒙娜丽莎的微笑"变成照片而到处兜售，但原作和照片之间的价值显然不可同日而语。工程设计通常则是为了满足规模生产的需要而创造的可以复制的工业类产品，原作和复制品之间的价格一般没有大的差别。

另外，艺术设计的结果（艺术品）往往不需要长期、准确的运转。工程设计的结果则不同，一些大型装备（如核电站）常常要求长期、准确的运转。因此，对于工程设计而言，不仅要考虑其创新性，还要考虑很多其他的因素，如可靠性、可维护性等。

6. 设计科学与自然科学

一直以来，大家接触的都是自然科学（Natural Science）。自然科学以发现自然界中的新事物、新现象及新规律为中心。这里的"新"不是说自然界中不存在这些东西，而是指这些东西以前还没有被人类所认识到。在英语里，自然科学的成就常常以 discover（发现）来阐述。例如，居里夫人的一个杰出贡献在于发现了一种新的化学元素——镭，爱因斯坦的一大贡献是发现了光电效应这一新的物理现象，牛顿的一大贡献在于发现了自由落体运动背后隐藏的普遍规律——万有引力，麦克斯韦的一大贡献在于预言了电磁波的存在，等等。因此，自然科学研究其实是人类认识自然的活动。

设计科学与自然科学有很大的不同。设计科学是一种人工科学（Artificial

Science),它不同于上述大家比较了解的自然科学(Natural Science)。最早提出人工科学这个概念的是美国学者司马贺(H. A. Simon,1916~2001)[6]。

司马贺是美国卡内基梅隆大学的教授,在计算机科学、心理学、经济学等多个领域都有着卓越的贡献,曾拿过经济学的诺贝尔奖、计算机科学的图灵奖(如图4-7所示)。

图4-7 著名科学家司马贺

设计科学以对人类的已有知识进行综合利用为中心。例如,设计火箭的人只需要以人类已知道的牛顿三大定律为基础进行一些力学设计,他不需要再重新去探索牛顿三大定律。利用电子元件,设计师可以设计出各种电子产品,如电脑、手机等,设计师并不需要去探索电子元件本身所隐含的物理规律。从马克思主义的角度来说,设计科学其实体现的是人的改造自然的活动。

当然,设计科学和自然科学之间并不互相排斥。一方面,设计科学的知识来源于自然科学,设计师必须依靠自然科学的发现才能进行设计。例如,正是依靠物理学家们发现的原子物理学,人们才将原子弹制造出来(但是,造原子弹的那批人并不一定是最先发现原子放射衰变规律的科学家,例如中国造原子弹的科学家并不是首次发现原子衰变规律的科学家)。有的时候,自然科学家们当然也可以是设计师(设计是人类的一种与生俱来的能力,这也是人类作为高级生物的一种体现),他们也常常能将最新发现的自然知识用于产品的创新。

另一方面,设计科学也可以有力地促进自然科学。人们在设计人工物的过程中,常常会由于对自然界认识的不够,会导致设计出的人工物不能按照预期的行为工作,这样才会使得人们发现新的问题,从而诱发新的自然科学的出现。这样的例子屡见不鲜。例如,爱迪生在发明电灯的过程中,发现灯丝很容易熔断,因此产生了寻找高熔点灯丝的需要。最终,他通过无数次的实验,发现了高熔点的竹灯丝。这种寻找高熔点物质的过程其实就属于自然科学活动,虽然它最终是要服务于电灯设计这一设计科学活动。

再如,20 世纪,造船业蓬勃发展,但是,在大型船舶完成后,常常会出现船舶突然从中间断为两截的灾难性事故,如图 4-8 所示。这最终导致了固体力学的一个重要分支——断裂力学(一种基于裂纹扩展的固体断裂机制的科学)的产生[7]。

图 4-8   20 世纪初的大型轮船断裂事故

因此,自然科学和设计科学一起,体现了人类认识自然和改造自然的统一。

认识自然科学和设计科学之间的差别对大家今后的工作有很大的帮助。有的人将来搞的工作是自然科学,那就要按自然科学的规律来办事,要用搞自然科学的方法去工作。有的人将来搞的工作是设计科学,那就要用设计科学的方法来工作。

7. 设计科学的核心概念

认识设计需要对设计科学的几个基本概念有所了解。

首先要了解的一个概念是结构(Structure)。直觉上,结构是指人工物(Artifact)的呈现。对于技术产品(Product)而言,结构包含了产品的物理组成,即由哪些零部件组成,各零部件的几何外形以及相互之间的关系。例如,对于一台电扇,它由机壳、叶片、电机等一系列零部件组成。在产品设计或工程装置的设计过程中,结构体现通常可以用图形来描述,如零件图、电路图等。

对于一些工业过程(Process),结构可以是指一些过程的组成。例如,对于炼油过程而言,包含了加热、蒸发、冷凝、液化等一系列过程。

对于艺术品,结构主要是指艺术品的外观(包括形状、颜色搭配等)。

对于乐曲,结构是指音符以及它们之间的顺序关系。就像产品中的零部件一样,音符是乐曲的基本组成元素,而零部件之间的装配关系就像是音符之间的顺序关系。所不同的是,产品中的装配关系通常以三维空间关系为基础,而音符之间的顺序是一维的。

对于小说创作,结构不仅包含了其中的人物、场景,还包含了其中所发生的事件。

第二个概念是行为(Behavior)。根据 Mario Bunge 的科学本体论[8],行为主要是指一个对象自身的状态或状态变化。例如,他站在那里,"站"就是一个行为;汽车在移动,"移动"也是一个行为。前者描述人的状态,是静止的行为,而后者则是一个动态的行为。在一个技术系统中,行为可以分为两大类,一类是功能性行为,另一类是非功能性行为。以白炽灯的灯丝为例,功能性行为如灯丝的发光和发热行为(对白炽灯而言,发热是发光的前提),非功能性行为则包含了灯丝的热变形。在有些情况下,非功能性行为对设计没有影响,而在有些情况下,非功能性行为可能会引起设计方案的失效,甚至造成严重的事故。

典型的如汽车的自燃事故。汽车的自燃常常是因为内部电子线路的老化所引起的。这里,电子线路的老化就是一种非功能性行为。当老化的电子线路长时间通电时,电子线路就会发热(也是一种与非功能性行为),就会引起线路的燃烧。在产品设计时,要充分考虑这些非功能性的行为可能会对系统的全生命期的性能的影响,否则可能会导致设计解的失效,严重时会造成灾难性的后果。

第三个概念是功能(Function)。功能体现了设计结构所隐含的设计者的意图(目的)。功能是结构体存在的根本原因。通常情况下,结构是最直观的,而功能则是隐含的知识(信息)。简单地说,功能可以被认为是为解决用户需求的物理实现机制的一种概括性描述。更正式地说,我们认为功能是一种用户所需要的作用,目的是为了改变用户所不满意的外部世界或防止外部世界发生用户所不需要的变化[9]。我们知道,电风扇的功能是吹风(移动空气)。在夏天,它所隐含的需求是人需要降低体表的温度。由于我们知道,蒸发效应可以引起物体表面的温度降低,而空气的速度移动得越快,蒸发效应也会进行得越快。

在工程设计中,功能描述通常包含两个部分:一个是作用动词,一个是作用对象。当描述一个系统(已知的或待设计的)的功能时,其实是在对系统和它所作用的外部对象之间的作用模式进行描述。在这种描述中，常常包含了主体和客体两个方面：主体就是系统本身，而作用对象就是客体，主体对客体的作用采用动词来表示。如果说电风扇的功能是吹风，那么"电风扇"就是主体，而"风"（空气的流动）则是客体，"吹"就是动词。

因此，功能总是和一定的作用对象相关联。这些作用对象是人类真正需要的事物，也是人类用来满足自身需求的事物，而对这些作用对象进行作用的系统只是人类为了得到所需要的事物而采取的一种手段。以电风扇为例，人类的需求焦点并不是要电风扇，而是电风扇工作所能带来的空气流。

在工程系统中，作用对象常常需要经过多次的转换，才能最后变成人类所需要的东西。这里，我们经常可以看到作用对象在子系统中不断的流动，并发生一定的转换，因此也通常可以把作用对象叫作"流"。例如，在空调的制冷过程中，空气首先被风机吸收进空调内部，然后空气又被热交换器进行降温，最后形成的冷风才被风机吹到空调外面，以降低室内温度。在这个过程中，可以看出典型的空气的流动。

在上述空调的例子中，空气的改变仅仅是一些状态变量（地点、温度等）的变化。作用对象还可能会发生根本性的改变，例如从一种物质变成另外一种物质，这个在化学工业过程中很常见。

第四个概念是设计解/设计方案（design solution）。设计解是从问题求解的角度来理解的。设计过程可以看成是一个问题求解的过程，这里的问题通常包含了所需实现的功能以及外部环境的约束，而产生的解决方案就是设计解。在概念设计阶段，设计解通常是指原理解。很多研究者常常将设计解与结构的概念等同起来。我们认为这是不合适的。设计解与结构有着比较大的区别。结构，如前所述，是指设计方案的物理组成。对一个机械产品而言，结构是指它由那些零部件组成，以及这些零部件的几何外形，材料组成等基本的信息。我们认为，设计解不仅包含了结构，还包含了结构元件的为完成目的功能所需要的功能性行为。

第五个概念是约束（Constraints）。任何一个系统的设计过程中，都要考虑约束。约束源于系统所工作的环境对系统的限制。在设计过程中，忽略约束很可能会有些因素未被及时的考虑，导致设计反复。

在设计过程中，经常会遇到几何约束的问题。例如，在设计桌子时，一个潜在的几何约束就是关于桌子的高度,即桌子的高度必须和人的某部分躯体的高度相适应。再如,在汽车设计过程中,汽车座椅的高度、倾斜度这些尺寸就必须满足人体工效学方面的约束。在设计电风扇时,电机的选择也必须符合一定的约束:由于电风扇的风不能过大,所以电机的功率也不能过大,否则既会造成能源浪费,也会给用户的健康带来负面影响。

对技术系统而言,不仅有技术、自然环境方面的约束,还常常有社会环境方面的约束。这种社会环境方面的约束还常常对技术系统的市场有决定性的影响作用。例如,大家都用过或者见过活扳手,在国内,活扳手以镀铬的亮色为主;但是,在非洲,由于非洲人不喜欢非常白亮的颜色(可能与他们的肤色有关),所以非洲的活扳手一般都是以黑色的磷化为主。这种社会环境方面的审美差异是导致活扳手在非洲市场上以黑色为主的关键。

第六个概念是性能(Performance)。性能可以从两个层次来定义。广义上,性能可以认为是一个系统的功能以及功能完成的质量。狭义上,性能仅指一个系统的功能完成的质量。由于功能在前面已经有了比较明确的定义,因此这里的性能主要指狭义的性能概念。产品或系统的性能是产品特征的重要方面,也是决定用户选择的一个很重要的依据。在目前的工业界中,产品性能竞争常常是决定企业成败的关键。例如,我们在选择汽车时,常常考虑汽车的燃油性、安全性、操控性、维修方便性等。

8. 以功能(性能)为中心的设计

设计是由需求驱动的,但设计过程往往开始于功能。例如,当人类觉得比较热的时候,会产生降低体表温度的需求。但是,降低体表温度这一需求可以通过以下两类功能来得到满足:一个是通过加速蒸发过程,来实现体表热量的加快散发;另一类是通过热传递过程,直接降低与人的体表接触的空气的温度。这一种需求会对应不同的功能,进而会引起不同的产品设计。对于前一个功能,我们可以通过设计出电风扇来实现,而对于后一个功能,我们则需要设计出空调才能实现。

因此,理解设计是从功能开始的十分重要。如果不从功能开始设计,则常常不知道如何可以把需求映射到相应的物理原理,也更不可能进行产品创新。

如果不从功能开始设计,复制(Copy)出来的东西只会是貌似实异的怪物。

目前，在国内企业中，很多产品开发一线的工程师常常并不明白设计是由功能驱动的，一种常见的误解认为：设计就是画图。

在中国经济最活跃的东部地区，以浙江模式为代表的小企业中，"设计就是画图"这样的观念是很普遍的。很多企业通常以廉价的劳动力来攫取利润。这类企业的运营模式如下：

（1）老板去周游世界，到国外市场（如展销会、超市等）上看看有什么产品比较畅销（发现市场需求）。

（2）根据自己的经济实力和市场情况，买几个合适的产品带回来。

（3）对带回来的产品进行分解、拆卸，对各个零部件进行测绘，反求，把这些产品的零部件图画出来。

（4）购买原材料和设备进行生产。

（5）把生产出的产品卖到国际上，赚取利润。

当发现原来的产品不再有市场时，他们又会去周游世界，重新寻找合适的产品。

在上述产品开发的模式中，我们几乎看不到功能的影子。设计完全就是对已有产品的结构元素的复制。当然，我们更看不到任何创新。

这种"设计＝复制"的做法有很多问题。

一方面，一个产品的性能不仅仅取决于它的外形，还有很多内在的因素。例如，零件的制造工艺常常对零件的机械性能有着很重要的影响。当我们买回来一个产品的时候，常常并不能根据这个产品的几何外形来推测出它的制造工艺，这就导致复制出的产品常常在性能上不如国外产品。一个简单的例子：大家一般都用过菜刀，如果仅仅按照刀的形状来生产刀，这个刀最后肯定不如外国的刀来得好。表面上，菜刀是否锋利是由其形状决定的，可以通过磨刀石来使得菜刀的形状满足锋利的要求；实际上，菜刀是否锋利还有一个很重要的因素，就是刀具钢的硬度。大家可能有些热处理的知识，刀具钢的硬度和它的热处理过程有着非常紧密的关系。热处理得好，刀具就会很硬；反之，则不会很硬，难以用来切割一些坚硬食物。

另一方面，这种做法也在一定程度上影响了我们国家在国际上的声誉。人类文明的发展过程，其实也可以被认为是人类不断创新的过程。只有对人类有价值的创新，才能被全人类所认同和接受。复制这种方法，说得难听一点，其实就是一种抄袭。如果一个国家的产业基础建立在复制的生产模式之上,必然难以得到国际社会的认可,也会为国际社会所鄙视。因此,在建设创新型国家的口号下,我们应该逐步摒弃复制这种生产模式。当然,复制模式在改革开放的初期,确实给我们国家带来了大量外汇,也是东部经济发展的基础。但是,长期来看,这种模式必须被抛弃。因此,我们一定要认识到复制模式的局限性,应该树立通过创新去赢得市场、实现自己人生价值的正确观念。

9. 产品设计的一般过程

根据 Pahl & Beitz 的产品设计方法学理论,产品设计一般包含如下四个阶段:需求确定(任务澄清)、概念设计、详细设计与工艺设计。其过程可以用图4-9来表示。需要注意,这几个阶段虽然有一定的顺序关系,但在设计过程中常常会有反复(iterations)。

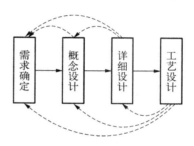

图 4-9 产品设计的一般过程

需求确定,又叫任务澄清,是为了在获取新的需求后,对任务进行进一步澄清,以认清设计任务的本质。设计师一开始就应该尽可能广泛而详尽地阐明设计任务书。需求确定的结果常常以设计要求表的形式来体现[4]。设计要求表中,可以包含必达要求和愿望要求两部分。必达要求是在各种情况下都必须满足的,而愿望要求则是应该尽可能考虑的,有些时候可能要做一些妥协。在设计要求表中,通常必须完成以下任务:

(1) 定义详细的产品的主功能及相关参数。

(2) 定义产品的工作约束,如环境、成本、法规等。

(3) 定义产品与人及环境的交互方式。

(4) 定义产品的性能评价指标。

(5) 定义产品的开发周期。

一个典型的设计要求表的结构如图 4-10 所示。关于该要求表的详细说明可以参考 Pahl&Beitz 的工程设计学[4]一书。

概念设计是指方案设计,是在阐明了设计任务(需求)以后,通过抽象化、建立功能结构、寻求合适的作用原理并将其组合,来确定产品的实现原理[4]。图

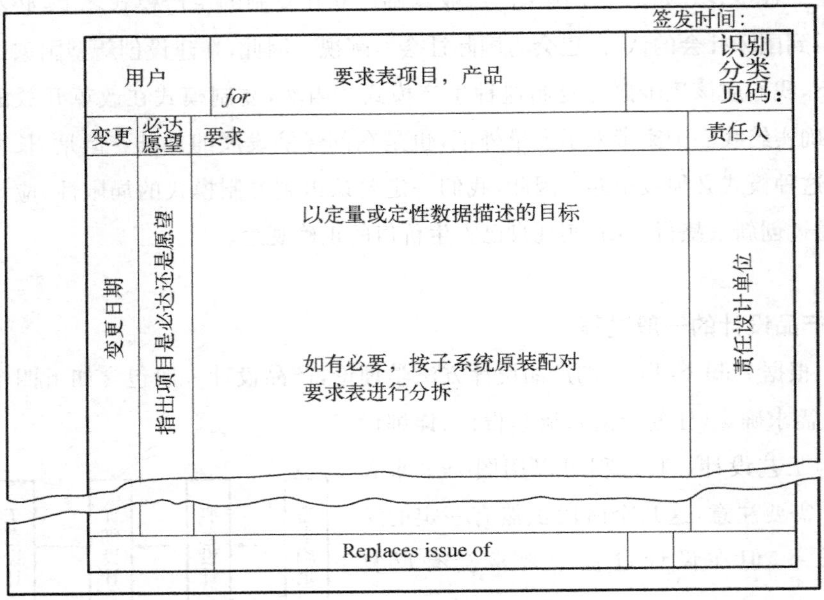

签发时间：
用户
要求表项目，产品
for
识别
分类
页码：
变更
必达
愿望
要求
责任人
变更日期
指出项目是必达还是愿望
以定量或定性数据描述的目标
如有必要，按子系统原装配对
要求表进行分拆
责任设计单位
Replaces issue of

图 4-10 设计要求表结构示意

4-11是一个典型的通过功能分解建立功能结构的过程[4]。例如，对于台灯这样的单功能产品而言，其功能（“发光”）比较单一，可以很容易就被确定。对于“发光”这样的功能，其原理实现可以有多种：白炽灯、日光灯，甚至还可以有煤油灯等。对于有些产品，功能可能就比较多。例如，对于手机这样的产品，可能不仅有打电话这样的功能，还要能收短信、听音乐、上网等。对于其中的每一个功能，都要去考虑其技术原理的实现。

能量
物料
信号
总功能
能量′
物料′
信号′
子功能
复杂度

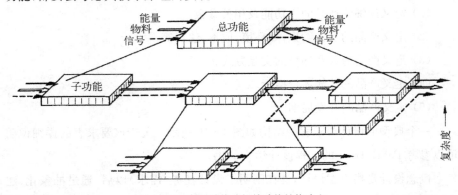

图 4-11 基于功能分解的功能结构建立

　　详细设计是指由技术原理出发,按照技术和经济的观点,明确、完整地确定技术产品的组合结构。详细设计主要是指结构设计,需要解决的问题包括总体、组件(零部件)的布置、构形和尺寸参数的校核、计算和优化等。对于工程系统而言,技术设计的结果是按比例绘制的系统的总图、零部件图和主要零件图,并编制相应的分析技术说明书等。图 4 - 12 是一个典型的装配图,图中的尺寸被省略了。

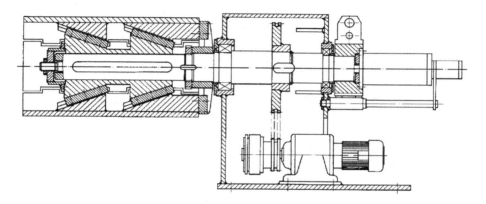

图 4 - 12　一个典型的装配图案例

　　对于台灯这样的产品而言,详细设计的内容包括:根据所需照明的亮度情况,选择合适功率的灯具,根据灯具的大小确定灯罩的外形、尺寸,灯座的尺寸,在考虑人机工程学的情况下,确定灯具支架的高度、结构形状,开关的形式,灯座的几何参数等。对于手机这样的电子产品而言,详细设计的内容不仅包括各电子元件的选择、使用,电子线路板的布局设计,还包括其几何外形、尺寸等各种详细的参数信息。

　　工艺设计,就是要对技术产品的形状、尺寸和各零件的表面状态、所选用的材料、生产和使用的工艺过程进行设计,以确定技术系统在物质上得以实现的有约束力的工艺图纸和相关文件。在详细设计完成后,有的组件可以通过购买现成的产品得到,而有的组件则必须通过生产来完成。生产过程中需要确定零部件的尺寸偏差允许范围,采用什么样的加工设备和辅助装配(如模具、刀具、夹具等)。在实际的机械产品开发过程中,工艺设计往往还包含了质量控制文件的准备。对于台灯这样的产品而言,如果选用的主材料是塑料,那么工艺设计就包含了各零件的几何公差、零件的注塑模的设计、装配顺序等。而如果产品是由金属制成的,那就必须考虑毛坯铸造、机械加工、电镀等一系列工艺过程中的模具、刀具等。

通过分析,我们发现需求确定、概念设计、详细设计、工艺设计这样的过程是一个比较通用的过程,它同样适合于一般的工业设计,甚至也适合于艺术设计。图 4 - 13 列出了著名画家丰子恺的一幅画的创作过程分析(假想)。

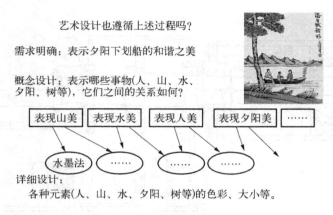

艺术设计也遵循上述过程吗?

需求明确:表示夕阳下划船的和谐之美

概念设计:表示哪些事物(人、山、水、夕阳、树等),它们之间的关系如何?

| 表现山美 | 表现水美 | 表现人美 | 表现夕阳美 | …… |

水墨法   ……   ……   ……

详细设计:
各种元素(人、山、水、夕阳、树等)的色彩、大小等。

图 4 - 13   一幅画的创作过程分析

10. 设计科学的意义

人类是高级生物。只要是正常人,在学会了一定的知识后,一般都会设计。一直以来,设计被认为是一门手艺活,它主要依靠设计师的智慧和灵感来完成。因此,设计曾被认为是一种神秘的活动。

如前所述,在远古的石器时代,我们的祖先就会设计,产生了形形色色的石制武器。人类的早期设计不仅包含了产品,而且也包含了各种过程。例如,远古人类从动物奔跑时撞死在石头上得到启发,采用尖锐的石头来杀死野兽。表面上看,这个过程只是一个学习的过程。其实,这里也包含了过程的设计。在这里,人类通过挥舞尖锐石块,使得动物与石头的碰撞过程能够得以发生,这其实就是一种过程的设计(在环境要求不满足过程发生的情况下,创造性地设计出合适的环境,使得所需要的碰撞过程得以顺利地发生)。在这个基础上,人类后续又发明了石制的梭镖、斧子,使得人类改造自然的能力得到了进一步的提升。

既然人类天生就会设计,为什么还需要研究设计学,为什么还需要去研究设计科学?设计科学研究的意义在什么地方?

人类天生具有探索未知的欲望。设计作为人自身的一种神秘的力量,自然而然地需要被探索。近年来,随着计算机科学(特别是人工智能)的发展,人们自然而然地想,计算机能否进行设计? 这就需要对设计过程有一个全面、深刻的认识,使之转化为逻辑化的程序。因此,设计科学研究的一个重要内容就是探索设计的规律,使之可以为我们所利用。

现代技术产品的设计需要考虑各种因素。如果没有一个系统的科学方法,设计师只能靠拍脑袋来进行设计,这就难以保证这些因素能被周全的考虑。任意一个因素的忽略都可能对产品开发带来比较严重的后果,造成人力资源和物质资源的极大浪费。

以汽车这样一个涉及上万个零件的产品为例,在设计过程中需要考虑方方面面的因素。如果考虑不周全,则很可能会导致产品开发的失败。这种失败对企业来说往往有严重的影响。汽车的开发周期很长,一个车型的开发一般都要一到两年时间,如果由于某个因素没有被及时、正确地考虑,很可能会导致汽车开发的整体失败。

下面的图 4 - 14 中,从左图表面上看汽车的车门线条很简单,但内部其实包含了非常多的功能模块,右图是车门内板的几何结构。车门设计中,不仅要考虑它的几何形状,还要考虑它和周围车架的匹配性,还要考虑它与自动车窗的结合性,还要考虑它的碰撞安全性,等等。这些因素还必须进一步划分成更细小的因素。这些繁杂的因素中只要有任何一个因素未被考虑,或者考虑不够周全,就可能会使产品的开发失败。笔者在国内某知名汽车公司调研的过程中,就曾听说

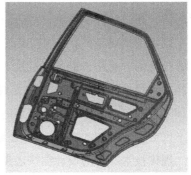

图 4 - 14　汽车及内部的复杂构成

在某款车型的研发过程中,曾发生试生产时车门和车框不能准确匹配的严重问题。

对于不懂汽车制造的人来说,车门和车框不能匹配听上去不是一个很大的问题。但是,实际上,这个问题对企业影响很大,会带来严重的后果。一方面,由于要对相关的多个零部件做修改,车型的开发时间将被大大延误,失去竞争机会;另一方面,由于汽车这类机械产品的制造使用的工装设备(指加工时对半成品零件进行夹持、固定等所需要的辅助设备)价格昂贵,一个模具动辄数十万元,而车门、车框的模具则有可能上百万元,这种损失对企业来说显然是非常巨大的。

设计过程中对一些因素缺乏系统的考虑,不仅会对产品开发造成影响,还很可能会严重影响产品的使用。在复杂机电产品中,这种情况也常常发生。典型的是汽车召回案例。下面就是一个由于设计不当引起的召回的案例。

"保时捷决定召回2006年11月30日至2008年1月18日生产的08款6缸保时捷 Cayenne 汽车,在中国内地涉及车辆共计2 561辆。保时捷表示,这次召回的原因是发动机舱内的一根燃油管在车辆行驶中可能会与发动机后舱壁摩擦,产生噪声和磨痕,极端情况下可能出现燃油渗漏。保时捷公司承诺,将对本次召回范围内的车辆进行免费的检查和调整,加装保护套,必要时更换相关配件,以消除缺陷。"

现代技术产品的设计往往需要追求一个优化的解决方案。为什么需要一个优化的方案?在自然科学领域,为了得到(证明)一个定理,常常可以有多种方法,只要这些方法能使定理得到证明,人类往往不会过分强调定理证明的过程是否简洁。在设计科学领域,特别是技术产品的设计领域,这种思想大大要不得。一个现实的情况是:中国的产品设计人员常常仅仅满足于把产品设计出来,而不管设计的方案是否最优。对技术产品而言,一个特点是它的设计方案常常需要经过大规模的复制生产才能变成用户需要的物品。如果一个设计不是最优的,即是有冗余的,那么这个冗余的解决方案在大规模的生产将会被大量复制,这不仅会造成很大的资源浪费,还会导致其他诸多问题,如难以维持成本。

现代技术产品的设计往往还需要追求一个可靠的解决方案。系统的可靠性对技术系统的正常运行具有至关重要的意义。现代的复杂技术装备如果缺乏良好的设计科学的指导,那么系统必然不可靠。导致的结果是:系统会容易失效或崩溃。大家可以想一想,如果火箭运行不可靠,那么每一次卫星发射失败将会有多大的损失? 如果飞机不可靠,那么每一次飞行失败将会使多少无辜的人失去生命? 由可靠性而引起的安全性是民用飞机设计需要考虑的一个关键因素。目前,国外的知名飞机设计公司(如空中客车 Airbus、波音 Boeing 等)越来越主张依靠严格的、系统化的设计科学来组织民用飞机的设计开发。

当然,上面说的设计科学的研究意义并不全面,还有很多其他的意义,这里不再赘述。

第二节　概 念 设 计

根据工程设计学,概念设计(方案设计)是设计中的这样一部分,即在阐明了设计任务以后,通过抽象化、建立功能结构、寻求合适的作用原理并将其组合,从而确定原理解(即原理方案)[4]。概念设计一般需要解决两大问题:确定产品的功能结构,为各相关的功能选择合适的原理方案。

Pahl & Beitz 提出的基于功能分解的概念设计方法主要适合于常规设计。原因在于,功能分解常常是以已知的系统组成为基础的。他们也指出:"在地道的新设计(创新设计)中,通常既不知道单个分功能,也不知道它们是如何结合的。因此,这时寻求并建立最优功能结构便是方案设计阶段最重要的分步骤之一[4]。"因此,这里不对该设计方法进行阐释。感兴趣的读者可以去阅读工程设计学第五章内容[4]。

对于创新设计而言,最主要的就是确定产品的功能结构和各子功能的原理。在系统地介绍概念设计方法之前,有必要先认识一下概念设计的对象——系统,以及其内部的功能关系。

1. 认识系统

系统,英文叫 system,是由一组相互作用或相互依赖的实体(具体的或抽象的)组成的整体[10]。

系统是由一些相互联系、相互制约的若干组成部分结合而成的、具有特定功能的一个有机整体(集合)。图 4 - 15 反映了系统、用户与其环境之间的关系。

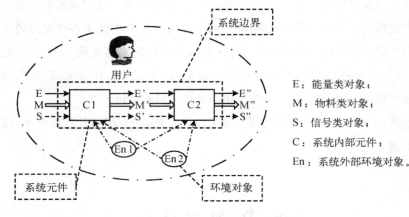

图 4-15 系统组成及其与用户、环境之间的关系

E：能量类对象；
M：物料类对象；
S：信号类对象；
C：系统内部元件；
En：系统外部环境对象。

系统有如下几个特征：

(1) 系统是对现实的抽象（Abstraction of the reality）。

(2) 系统有边界，其内部为系统自身，其外部为环境。

(3) 系统还可以细分为子系统，其内部结构可以用组件之间关系来描述。

(4) 系统有功能，包含了以物质、能量、信号、信息形式描述的输入、输出以及中间的加工过程。

(5) 系统边界的外部是系统的环境。

以台灯这样一个简单的系统为例，它不仅反映了电能、光能之间的转化关系，还反映了灯泡、灯座、支架等之间的相互作用关系。

对于一个系统而言，不仅包含其内部的构成，还包含了其输入、输出。在考察一个系统时，还要分析环境对其影响。

例如，对于电风扇这样的系统而言，其输入包含了空气、电流，而输出则包含了气流、热能、噪声，等等；其内部组成包含风扇叶片、电机、支撑架、风扇罩，等等。在考察电风扇时，我们还需要分析其所工作的环境对电风扇的影响。例如，由于担心环境中会有一些意外输入会对电风扇造成破坏，或者对意外输入的对象本身造成破坏，所以我们需要设计风扇的叶片罩。

在描述一个系统时，需要对系统的输入和输出做如下区分：目的输入和目的输出，以及辅助输入和辅助输出。目的输入是指与系统目的功能直接关联的输入，相应的，目的输出则是与系统目的功能直接关联的输出。除目的输入之外的,且对系统功能实现有辅助作用的输入则称为辅助输入,相应的输出则是辅助输出。例如,对于电风扇这样的系统,其目的输入是空气,目的输出是气流;辅助输入则是电能,辅助输出则包括热、噪声等。**特别要注意：这里电风扇的目的输入是静止的空气,不是电能。**

一个系统的内部功能可以从多个角度去分类。第一种分类是把系统的内部功能分为基本功能和控制功能。

基本功能层就是系统所完成的基本功能。例如,电灯所完成的一个基本功能就是"发光",或者说是"把电能转化为可见光"。电风扇的一个主要功能是"吹风"。

控制功能层就是对人工物的工作进行控制,以满足人类的需要。例如,对于一个台灯而言,它的主要功能是发光;而为了控制它在合适的场合(光线太暗,黑夜)进行发光,需要一个开关。这里,开关实现的就是一种控制台灯的功能。在很多情况下,控制功能实现的并不是类似于开关这样"开"或"关"的简单的逻辑关系,而是一种对于量的调节。例如,有些台灯不仅可以控制是否发光,还可以控制光的强弱。再如,大家都知道,电扇一般会有多个档位来调节风量,这种风量调节器实现的就是一种控制功能。

在概念设计过程中,我们通常最先考虑的是产品的基本功能,只有等基本功能的原理方案确定后,才去考虑对整个技术方案进行适当的控制。因此,控制系统的功能设计要晚于基本功能系统的设计。从设计的本质来说,控制系统的设计并不会与基本功能系统的设计存在着本质区别。

第二种分类是把产品的内部功能分为主要功能和辅助功能。

主要功能就是人工物所完成的对人类有直接利用价值的功能。辅助功能是为了保证产品正常工作所需要的辅助性的功能。例如,台灯的主要功能是发光,除此之外,还有支撑灯泡的功能,导入电流的功能,灯泡壳的隔离环境空气功能,等等。再如,电风扇的主要功能是发光,除此之外,还包括电机的驱动功能,插座的电流导入功能,等等。

在概念设计过程中,我们通常首先考虑的是产品的主要功能,然后再根据主要功能的解决方案的要求,来确定相应的辅助功能。

2. 功能明确型概念设计方法

由于我们主要关注创新设计,所以这里仅介绍面向创新的概念设计方法。创新型的概念设计方法可以有两类。一类是功能明确型概念设计方法,另一类是功能模糊型概念设计方法。这里先介绍功能明确型的概念设计方法。

功能明确型概念设计方法主要是指待设计系统的功能(包括它的目标作用对象)已经很明确。设计师需要设计一套装置以实现所需要的目的功能,实现作用对象的转变(从当前状态转变到目标状态)。对象明确型概念设计方法主要包括这么几个过程:

(1)确定需求对象。

(2)需求到功能的映射。

(3)功能到方案的映射。

(4)方案的输入对象分析。

(5)方案的输出对象分析。

(6)方案的环境影响分析。

(7)方案的接口集成匹配性分析。

需要指出,在上面所述的设计过程中,各种后续的分析都可能会导致新的需求对象的出现,从而导致新一轮的概念设计过程。下面我们主要结合台灯的设计来说明上述过程。

(1)确定需求对象:主要是明确客户的真正需求。这些真正的需求常常是指物料、能量或者信息。它们通常在现实环境中不存在。例如,谢友柏老师第一节课中用的台灯,本质上是他在黑暗环境中对于光的需求。

(2)需求到功能的映射:主要是根据需求,确定需要完成的功能。功能通常用"动词+名词"的形式来描述。例如,根据谢老师对光的需求,我们可以将这个需求映射成"产生光"这样的功能需求。注意:有的时候"需求到功能"的映射不一定是"产生",而可能是阻止。例如,杯子的作用是盛水,其内涵其实是阻止水的流失。还有的时候,作用对象的初始状态是已知的,目标状态也是已知的,这时所涉及的功能动词往往是转变。

(3)功能到方案的映射:主要是根据设计师所掌握的各种知识,来找到功能实现的解决方案,进而对各种方案从性能上进行评价。例如,对于产生光这样的功能需求,可以有很多的技术实现方案,如图4-16所示。但是,我们知道,煤油灯、蜡烛的照明效果较差,所以一般不选择这两个方案。在功能到方案的映射过程中,一般选取一个比较可行的方案继续进行下一步设计。

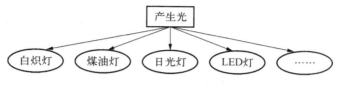

图4-16 功能—方案映射案例

功能到方案的映射作为一个重要的设计过程,设计方法学(Pahl & Beitz)提供了多种方法可以供参考,可以概括成仿生法(分析自然系统)、借鉴法(分析已知技术系统)、编排表法、设计目录法。

(4)方案的输入对象分析:主要是对选择的某个可能的功能实现方案,确定其输入对象是否能被满足。例如,在台灯设计案例中,白炽灯和日光灯的输入均是电流,在谢老师出差的时候比较容易得到满足,而煤油灯所需要的煤油则不可能随身携带(当然,实际情况中,由于煤油灯的照明效果较差,所以它在上一步的评价过程中就已经被排除)。虽然电流比较容易满足,但要考虑到谢老师不可能随身带电。这个结果会导致一个新的需求,产生电流。这个新的功能将会被加到需求表中,作为一种新的需求,并引发新一轮的设计过程(如图4-17所示)。

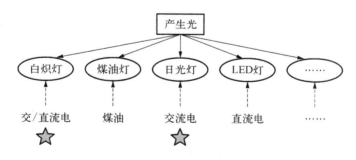

图4-17 方案的输入对象分析案例

(5)方案的输出对象分析:一个技术方案的输出,不仅包含了设计师所需要的功能性的输出,还常常包含了设计师所不需要的非功能性输出。这些非功能性的输出有时候可以被设计师所接受,有的时候则可能不能被设计师所接受(即违反了某种设计约束)。因此,方案的输出对象分析就是要对已选择的某个可能的功能实现方案的输出进行分析,确定其是否违反某种设计约束。

在台灯设计的案例中,白炽灯的输出不仅有光线,还有热量,如图 4 - 18 所示。一般情况下,白炽灯的热量可以通过空气的流动散发掉。但是,如果白炽灯的功率较高,就有可能会使其灯罩过热。如果灯罩是由金属制成,这种过热可能会造成用户被烫伤,而如果灯罩是由塑料制成,则很有可能会软化变形。

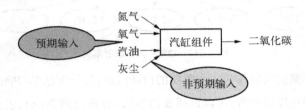

图 4 - 18　方案的输出对象分析

笔者就曾在大学的时候见到过类似情况:当时是冬天,临近期末考试,因为天气很冷,很多学生都躺在床头看书、复习功课,那时候我们还是上下铺,下铺的床上光线很暗,所以一般学生都会买一个小台灯夹在床头用于看书。有位同学的台灯的灯泡坏了(额定功率 20 W),结果由于某种原因换了一个 40 W 的灯泡上去,结果过高的温度造成了台灯的塑料灯罩的软化变形。

(6) 方案的环境影响分析:一个技术方案能否正常工作不仅取决于外部的直接输入,还经常受其所工作的环境的影响。产品中的部分功能模块常常是为了抵御或消除环境影响而引入的。例如,为了抵御环境中的重力场对电灯的影响,台灯中常采用支架来支撑灯泡。再如,在空调系统中,为了消除灰尘对系统的影响,常常采用过滤网来过滤空气中的灰尘。因此,空调中的过滤网基本上每年都必须清洗,以清除其上面附着的大量灰尘,否则空调就不能正常工作。这说明,在确定方案的时候就常常需要先考虑技术方案所工作的环境是否对技术方案本身产生不利的影响。

方案的环境影响分析在产品的本地化开发中十分重要。什么叫本地化开发? 本地化开发是适应性产品开发的一种,来源于汽车制造企业。大街上遍地跑的汽车,很多都是在国内生产的。但是,告诉大家一个很让人沮丧的事实,大部分汽车(特别是中高档的汽车)都不是在国内设计的,或者说不是由国内的设计团队自主研发的。这些车的设计大部分都来源于欧、美、日的大型汽车企业,其开发团队主要位于欧、美、日本土。很多中国的新车型都是对国外已有车型进行适当调整来完成的。在汽车的本地化开发过程中,一个很重要的依据就是国内的环境,例如空气的质量。大家可能知道,发达国家的环境是比较好的,空气相对清新,而国内则不一样,空气中含有大量的灰尘。汽车是依靠汽油燃烧来产生动力的,空气是汽油燃烧必不可少的物质。如果空气中含有大量的灰尘,则对汽车发动机会产生非常大的危害。这些灰尘不仅会使得发动机的燃烧效率下降,还会加剧发动机的磨损(如图 4-19 所示)。

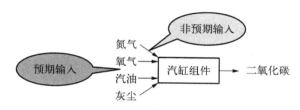

图 4-19 方案的输出对象分析案例

汽车本地化开发的另一个比较重要的环境影响是路面。一般来说,发达国家的路面比较平整,国内的路面则有很大的不同,有的平整,有的则有很多凹坑,即便是有些高速公路,路面质量也比国外要差一些。由于洼坑会对汽车的减震系统有很大的影响,路面的质量对本地化开发也有着非常重要的影响。

(7) 方案的接口集成匹配性分析:主要是对各种方案进行兼容性的分析,确定是否需要引入一些中间模块来消除方案之间的失配。不同功能的设计解在集成时的失配很常见,所以经常需要引入一些"连接"型的模块来消除这种失配性。以台灯为例,白炽灯虽然可以发光,电源插座也可以导入电流,但是两者在结构上并不匹配,表现在白炽灯的结构接口和电源插座并不能直接匹配,所以需要用导线和灯泡座把电珠和电池连接起来,如图 4-20 所示。当然,方案接口之间的失配不仅限于结构上,功能上的失配也很常见。在机械产品中,常常因为原动机(如电机)和执行机械(如曲柄滑块机构)在速度上的失配,而需要引入减速箱(即

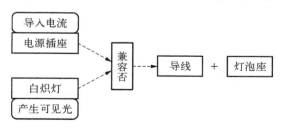

图 4-20 方案接口的集成分析案例

齿轮箱)来消除这种不匹配。

上述概念设计过程可以借助如下几个表来描述：

(1) 需求对象表。

(2) 功能需求表。

(3) 解决方案表。

(4) 方案输入对象表。

(5) 方案输出对象表。

(6) 方案环境对象表。

(7) 方案功能接口表。

需求对象表(以下简称需求表)描述设计师所关心的对象,它可以随着设计探索过程的进行不断地在增加。其中,有的对象是设计师所需要的,有的则是设计师所不需要的。例如,对于台灯而言,光是所需要的,而热则是不需要的。需求表主要包括需求来源,对象名称和相关功能几项,其中相关功能是在对象的相关功能确定后才能确定的信息。需求表的结构见表 4-1。

表 4-1　需求对象表(需求表)

序　号	需求来源	对象名称
1	客户	光

功能需求表(以下简称功能表)描述根据需求对象表引出的功能,它随着需求对象的增加而逐渐增加。例如,对于台灯设计而言,根据用户需求的光,可以引出"产生光"这样的功能。功能表主要包括如下内容：需求来源、需求对象名称、功能名称和最佳方案。其中,需求来源和对象名称是为了方便用户交互查询而给出的相关描述,其中的数字是相关的需求表中的行数,最佳方案是在功能求解后才能确定的信息。功能表的结构见表 4-2。

表 4-2　功能需求表(功能表)

序　号	需　求		功　能　列　表		
	来　源	对象名称	功能 1	功能 2	功能 3
1	[需求表,1]	光	产生光		

解决方案表(以下简称方案表)列出功能所对应的可能的解决方案。例如，对于"产生光"这样的功能，可以有多个解决方案，如白炽灯、节能灯、日光灯、煤油灯、蜡烛灯，等等。为了方便用户使用，这里规定用户可以给出三个最可能的方案，其他方案可以不给出。方案表中主要包括如下内容：功能来源、功能名称、方案名1、方案名2、方案名3。其中，功能来源和功能名称是为了方便用户使用给出的方案相关信息，它用功能表以及其中的第几行和第几列来描述相关的功能。方案表的结构见表4-3。

表4-3　解决方案表(方案表)

序　号	相　关　功　能		解　决　方　案		
	来　源	功　能	方案1	方案2	方案3
1	［功能表，(1,1)］	产生光	白炽灯	日光灯	节能灯

方案输入对象表(简称输入表)的作用是列出解决方案所有为完成目的功能所需要的输入。例如，对于白炽灯这样的系统，其输入是电流，而对于煤油灯，其输入则是煤油。在产品创新实践过程中，输入表必须列出一个对象的所有必需输入。在本课程中，当一个解决方案要求比较多的输入对象时，则输入对象表比较难以控制。因此，从锻炼学生实践和可操作性的角度，规定最多给出三个输入对象即可。解决方案表中的内容如下：方案来源、方案名、输入对象1、输入对象2、输入对象3。输入表中新产生的对象将会引起新的关于对象的需求，因此这些对象应该被继续增加到需求对象表中，以启动新的设计综合过程。输入表的结构见表4-4。

表4-4　方案输入对象表(输入表)

序　号	相　关　方　案		所需输入对象		
	来　源	方案名	对象1	对象2	对象3
1	［方案表，(1, 1)］	白炽光	电流		

方案输出对象表(简称输出表)的作用是列出解决方案所有完成目的功能时的输出。例如，对于白炽灯这样的系统，其输出有光和热两个对象。对于煤油灯，其输出不仅包含光和热，还包括产生的废气。在产品创新实践过程中，输出

表必须列出一个方案的所有输出。在本课程中,当一个解决方案有比较多的输出对象时,则输出对象表比较难以控制。因此,从锻炼学生实践和可操作性的角度,规定最多给出三个输出对象即可。解决方案表中的内容如下:方案来源、方案名、输入对象1、输入对象2、输入对象3。其结构见表4-5。输出表中新产生的对象将会引起新的关于对象的需求,因此这些对象应该被继续增加到需求对象表中,以启动新的设计综合过程。

表4-5 方案输出对象表(输出表)

序　号	相 关 方 案		输 出 对 象		
	来　源	方案名	对象1	对象2	对象3
1	[方案表,(1, 1)]	白炽灯	光	热	

方案环境影响表(简称环境表)的作用是列出解决方案完成功能过程中,可能受到的环境对象的影响,也有可能对环境对象有影响,见表4-6。这种环境对象常常有地球、空气、人等。例如,对于白炽灯这样的系统,它可能受到地球引力的影响,其产生的热还可能会烫伤人。在产品创新实践过程中,环境表必须列出一个方案的所有可能相关的环境对象。在本课程中,当一个解决方案有比较多的环境对象时,则环境对象表比较难以控制。因此,从锻炼学生实践和可操作性的角度,规定最多给出三个环境对象即可。环境表中新引入的对象将会引起新的关于对象的需求,因此这些对象应该被继续增加到需求对象表中,以启动新的设计综合过程。

表4-6 方案环境对象表(环境表)

序　号	相 关 方 案		环 境 对 象		
	来　源	方案名	对象1	对象2	对象3
1	[方案表,(1, 1)]	白炽灯	空气	地球	人

方案功能接口表(简称接口表)的作用是在基于对象需求的设计探索初步完成后,对设计过程中产生的各功能进行接口匹配分析,记录方案接口不匹配的表,以产生新的接口型的功能,见表4-7。例如,在台灯设计的对象分析设计完成后,假定得到的解的一部分是:"白炽灯"+"交流电源"。由于白炽灯的电能接

口和交流电源接口(如插座)不直接匹配,所以我们需要引入新的接口匹配功能:连接交流电源和白炽灯。接口表的主要构成如下:方案 1 来源、方案 1 名称、方案 2 来源、方案 2 名称、功能接口。接口表中已经能直接产生功能,所以产生的功能应该被直接添加进功能表,以启动新的功能求解过程。

表 4 - 7　方案功能接口表(接口表)

序　号	方案 1		方案 2		接口功能
	来　源	方案名	来　源	方案名	
1	[方案表,(1,1)]	白炽灯	[方案表,(2,2)]	交流电源	连接白炽灯与交流电源

　　以上是关于功能明确型概念设计方法的介绍。其中的表格可以用来管理概念设计中设计的作用对象、功能、解决方案、环境影响等一系列相关因素,避免设计师遗忘。这些表格比较复杂,笔者正在开发一个管理系统来帮助设计师方便地对这些信息进行管理。

3. 功能模糊型概念设计方法

　　功能模糊型概念设计方法主要是指待设计产品的目的功能不明确,设计者对方案有一个大概的认识。例如,一个可能的设计任务是:完成一张课桌的创新设计。表面上,这个设计任务和第一类概念设计任务没有本质区别。但实际上,在这个设计任务中,设计师会非常茫然。怎么样去进行课桌的创新?这个任务是不能用前一类概念设计方法来完成的。一个主要原因在于:这里难以找到明确的功能及相关的作用对象。

　　本质上,在功能模糊型概念设计任务中,设计师实际上是直接给出了一个模糊的方案,而不是功能。当这样一个设计任务被提出来时,设计师所面临的不再是与流程紧密相关的功能,这个方案本质上可以被认为是一个结构。从某种意义上来说,这样的任务违背了设计学所建议的从功能的角度来进行设计的基本原理。事实也是如此,如果让一个人去创新一张课桌,那个任务就变得非常不具有可操作性,它将完全取决于设计师个人对于课桌的理解。

　　对于方案明确型概念设计问题,还是需要把它先转化为对象明确型概念设计问题,即把设计问题重新映射到功能的层次上来完成。那么怎么样来完成这种映射？

这里提出一种活动—对象分析方法来帮助设计师系统地来完成上述映射，如图 4 – 21 所示。

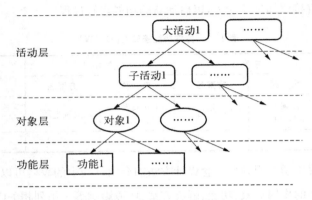

图 4 – 21　功能模糊型概念设计过程

该方法主要包括如下过程：

（1）解决方案到用户活动的映射。

（2）用户活动的分解和拓展。

（3）用户活动到需求对象映射。

（4）需求对象到功能的映射。

（5）功能到方案的映射。

（6）方案的输入对象分析。

（7）方案的输出对象分析。

（8）方案的环境影响分析。

（9）方案的接口集成匹配性分析。

在上述过程中，后面 6 个步骤其实与对象明确型概念设计类似。因此，这里着重介绍前面几个步骤。

1）解决方案到用户活动的映射

一个方案（结构）之所以对人类有用，是因为人类可以借助它来从事某种活动。因此，要从功能的角度来分析一个方案，首先必须确定该方案（结构）对于人类有何价值，即人类可以利用它来从事什么活动。因此，首先通过方案—活动的映射来完成客户的活动需求。例如，对于一张课桌而言，学生可以用它来写字、看书等,如图 4-22 所示。

在这个阶段,一定要清楚地定义所需要的活动,任何遗漏都可能导致将来的设计存在着缺陷。随着社会的不断进步,人们

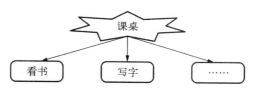

图 4-22 方案—用户活动的映射案例

可能基于某个方案来从事更多的活动。例如,以前的课桌可能只提供写字,放课本等功能,以后的课桌可能要提供一些电源的接口,甚至上网的接口,以方便一些电子产品的使用。

为了使得所定义的活动比较全面,可以采用小组讨论的方法,以避免单个人思考的局限性。一些典型的方法如头脑风暴法、接龙法都可以在这个阶段得到较好的应用。同时,也可以参考现有的产品来分析所需要的活动。

2) 用户活动的分解与拓展

一般来说,一个用户活动常常可能被分解、拓展到成个子活动(如图 4-23 所示)。例如,看书这个活动就可以分解成拿书、翻书、收拾书本等一系列动作。有的时候,一个用户活动还可以延伸出多个活动。例如,对于写字这样的活动,它还可以拓展出修改文字这样的活动。

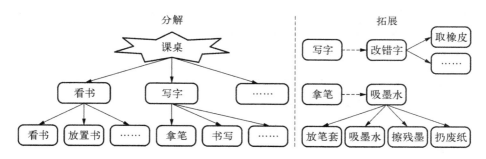

图 4-23 用户活动的分解、拓展案例

在这个阶段,一定要对用户活动进行仔细的延伸,以详细地确定用户所需要从事的活动。任何遗漏都可能导致将来的设计存在着缺陷。为了使得所定义的活动比较全面,也可以采用小组讨论的方法,以避免单个人思考的局限性。

用户活动拓展的一个可用的原则,就是考虑原活动所引起的关于系统的初始化、运行和结束所引起的一系列相关活动。例如,对于写字这一动作,可以延

伸出多个动作：灌墨水（初始化），擦错字（运行中），放置文件（结束后）等动作。

　　3）用户活动到需求对象的定义

　　在完成活动的定义后，就可以得到一组清晰的活动集。我们知道，每个活动集都应该对应着人和物。例如，对于"看书"这一活动，可以得到的物有"书"；对于"写字"这一活动，可以得到的物有"笔"、"本子"，如图4-24所示。通过这样的活动分析，就可以将活动映射到物，从而得到一组与将来的产品相关的"对象"。

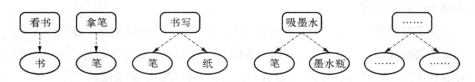

图4-24　用户活动—需求对象的关联定义

　　4）需求对象到目的功能的定义

　　在得到了与系统相关的"对象"后，就可以自然而然地定义未来的产品所需要完成的"功能"。例如，针对"书"这一作用对象，可以定义桌子的一个功能就是"支撑书本"。这样就实现了由方案到功能的映射，即明确了产品的功能。基于支撑书本这样的功能，不难得到"板状支持物"这样的解决方案。后续的设计过程与对象明确型概念设计过程类似，这里不再赘述。

　　关于上述三个过程，也可以用三个结构化的表格来定义：

　　（1）起源—活动表（简称活动表）。

　　（2）活动—需求对象表（简称对象表）。

　　（3）需求对象—功能表（简称功能表）。

　　1）活动表

　　其作用是方便用户进行活动的定义。一方面，任何一个方案都可能对应着一组功能。另一方面，活动的分解或延伸过程中也可能产生新的活动。基于上述认识，活动表的结构如下：活动来源、父活动名称、当前活动名称。

　　在表4-8中，当一个当前活动来源于用户的直接需求时，那么来源是用户，相应的父活动名称则为空；当一个当前活动是由前面的某个活动所延伸得到的活动，那么来源中的号码就是原活动的序号。

表 4-8 起源到活动表(活动表)

序 号	活 动 来 源		当前活动名称
	来 源	父活动名称	
1	用户	空	写字
2	用户	空	看书
4	1	写字	纠错字
5	1	写字	装墨水
6	1	写字	搁笔

2) 对象表

对象表的作用是帮助设计师完成活动向对象的映射。对象表的结构见表 4-9,包括来源、名称和对象列表这些信息。"来源"主要是指对象需求的来源。在活动到映射的过程中,来源主要是指活动表中的内容。当在后续求解过程中产生了新的对象要求(如输入对象或输出对象)时,来源可以是相关表中的信息。"名称"主要是相关来源的名称。取决于来源的不同,名称可以是活动的名称,也可以是方案的名称。后者是在由后续功能求解过程产生的新的对于对象的需求。在映射的过程中,一个活动常常会对应着多个对象,所以需要有一个对象列表来保存映射的结果。为了避免对象列表过于庞大,这里最多给出 3 个主要的对象。

表 4-9 活动到需求对象表(对象表)

序 号	来 源		对 象 列 表		
	来 源	名 称	对象 1	对象 2	对象 3
1	[活动表,1]	写字	笔	稿纸	
2	[活动表,2]	看书	书本		
4	[活动表,3]	纠错字	橡皮	涂改液	笔

3) 功能表

功能表的作用和对象明确型概念设计过程类似。表的结构见表 4-10。需要说明,这里的对象需求和前一类概念设计过程略有不同。在前面,关于对象的需求一般都是"产生",如"产生光",也有其他类型的需求,如散发热量等。在这里,关于对象的需求会有所不同,如针对看书这样的活动,与对象书本相关的功能则是"支撑书本"。

表 4-10　需求对象-功能表(功能表)

序 号	需 求		功 能 名 称		
	来 源	名 称	功能 1	功能 2	功能 3
1	[对象表,(1,1)]	笔	支撑笔		
2	[对象表,(1,2)]	稿纸	支撑稿纸		
3	[对象表,(2,1)]	书本	支撑书本		
4	[对象表,(3,1)]	橡皮	支撑橡皮		
5	[对象表,(3,2)]	涂改液	支撑涂改液		
6	[对象表,(3,3)]	笔	支撑笔		

在表 4-10 中,大家看到的都只是桌子的支撑功能。其实桌子还有一些其他的功能,例如,由于笔会滚动,所以现在的课桌都有一个凸起的边沿,以阻止笔的滚动。当然,这个功能在表 4-10 中都没有能体现。原因在于,在活动延伸中,还没有考虑对"写字"活动所延伸出的"搁笔"活动进行进一步"活动-对象"的映射。

通过这样的分析,可以发现很多新的课桌需要的功能。例如,一般学生写字都会用到墨水,而现有的课桌都没有恰当的地方放置墨水瓶。导致的结果就是,墨水瓶经常会被打翻,而弄脏作业本和课本。如果能提供一个小的隔离空间,专门用于摆放墨水瓶,那么这样的情况就不会出现。

当然,上述分析过程如果全凭一个人来完成,可能会有较大的难度。原因在于,每个人都有思维惯性和惰性。因此,如果将上述方法和一些小组讨论方法(如智暴法、635 法等)进行结合,那就会取得更好的效果。

需要指出,上述功能分析的过程中,可能会有很多相似的功能,在求解过程中,这些功能可以采取同样的解决方案,并对这些方案进行合并综合。例如,对于支撑书本、支撑稿纸等功能,都可以采用同一个方案"板状支撑物"来实现。而对于有些功能,如"放置墨水瓶",则不能用简单的板状支撑物来实现,而必须采用有一定深度的盒子。

在确定最终方案确定的时候,当然也需要对不同功能的解决方案进行集成。这个和对象明确型概念设计过程类似,这里不做赘述。

第三节 概念的实现

概念设计仅仅完成人工物的初步概念方案的构思。在概念设计完成后，一般还须通过更为详细的设计过程来对概念进行实现。在产品设计中，概念实现常常包含了多个阶段，如详细设计、工艺设计、设计验证等。在大规模的工业产品设计开发过程中，为了保证可靠的产品质量，概念实现过程中还常常需要样机生产，小批量试生产等阶段。为使读者对概念实现有个初步的认识，这里仅对详细设计、工艺设计和设计验证做简单介绍。

1. 详细设计

在不同的设计学科，详细设计常常有着不同的定义。在机械产品设计领域，详细设计通常是指在概念设计方案确定后，确定各组成系统、零部件的形状，尺寸和材料的过程。其中，详细设计最主要的表现形式是制图，其目的在于把产品及其零部件的形状以图形化的形式表现出来，方便不同阶段的工程人员进行理解。

机械制图主要有两类：一类是二维工程制图，另一类是三维制图。二维工程制图通过对三维实体对象进行投影的方法来形成在三个相互垂直平面上的二维几何图形。早期的机械图板制图都是指二维工程制图。相比二维制图，三维图形更加复杂。在缺乏计算机辅助工具的年代，难以用手工进行三维制图。手工机械制图的最大缺点是需要设计员把大量的时间花费在画图上，而不是设计本身。特别是，由于设计过程中经常会有反复，会造成设计师需要不断地修改图纸，这会造成大量的时间浪费。由于图纸可能会在反复修改时损坏，又需要重新对整个图纸进行制图，造成更多的时间浪费。

为此，计算机辅助设计（Computer-Aided Design）工具应运而生。CAD（Computer Aided Drafting）诞生于 20 世纪 60 年代，是美国麻省理工学院提出的交互式图形学的研究计划，由于当时硬件设施的昂贵，只有美国通用汽车公司和美国波音航空公司使用自行开发的交互式绘图系统。20 世纪 80 年代以来，由于 PC（Personal Computer）机的应用，CAD 工具才得以迅速发展，出现了专门从事 CAD 系统开发的公司。CAD 工具的迅速发展，也使得三维制图技术（如实体造型技术）得到飞速的发展，可以支持设计员方便地绘制三维图形的 CAD 软件也应运而生（如 Pro/E，UG，CATIA 等），并在工业界得到了广泛应用。

下面分别以两个典型 CAD 软件为例，简要介绍二维制图软件和三维造型软件的应用。需要说明：目前的 CAD 软件仅仅是一种在设计实现阶段帮助设计师表达设计思想的工具，它并不能真正帮助设计师从事设计决策活动。

1）典型二维 CAD 软件简介

早期的二维 CAD 软件以帮助设计员绘图为主要目标，这类工具能帮助设计员快速地绘制各种图形元素（如直线、曲线、矩形等）。并且，由于它们是电子数据，很方便设计员对二维图形进行修改。这类工具大大缩短了设计员在工程制图方面的时间支出。下面以目前工业界仍比较常用的 AutoCAD 为例对二维CAD 软件进行介绍。[1]

AutoCAD 是由美国 Autodesk（欧特克）公司于 20 世纪 80 年代初开发的计算机辅助二维绘图软件。经过不断完善，AutoCAD 已成为国际上广为流行的绘图工具之一。AutoCAD 具有比较良好的用户界面，支持用户通过交互式菜单或命令行方式进行各种操作。AutoCAD 具有广泛的适应性，它可以在各种操作系统支持的微型计算机和工作站上运行，并支持分辨率超过 40 种的图形显示设备，以及各种数字仪和鼠标器，具有普遍的适应性。目前，最新版本的 AutoCAD软件是 AutoCAD2014。

典型的 AutoCAD 操作界面如图 4-25 所示。

在图 4-25 中，中间的黑色区域为绘图区（绘图窗口）。绘图区的左边和右边分列了两类绘图工具条。左边的工具条可以方便用户绘制相应的图形元素。例如，如果用户想绘制一条直线段，那么他只需要在两点连直线的按钮上点击一下，系统就会引导用户绘制一条直线段。右边的工具条是为了方便用户对已绘制的图形元素进行操作（剪切、倒角、选中点等）而提供的一系列按钮。例如，如果用户想绘制一条直线，其起点和终点分别是两条已绘制直线段的中点，用户在选择了左边的绘制直线段按钮后，就可以在点击右边的中线按钮，AutoCAD 会根据用户鼠标在屏幕上的位置自动选取合适的线段，并将其以特殊加亮的形式显示并选中，方便用户绘图。当然，AutoCAD 也可以根据用户的需要，以命令行的方式直接输入绘图命令来制图。在上述界面的下方，就是命令行的窗口（命令

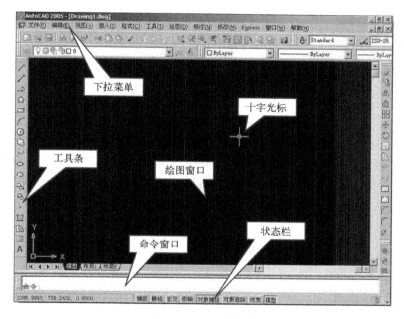

图 4 - 25　**AutoCAD 典型操作界面**

窗口）。更详细的关于 AutoCAD 的使用，工程制图的基本知识可以参考相关的
专业书籍，这里不再赘述。图 4 - 26 是一个以 AutoCAD 为工具制作的某个机械
零件（图中的实体模型）的二维工程图形。

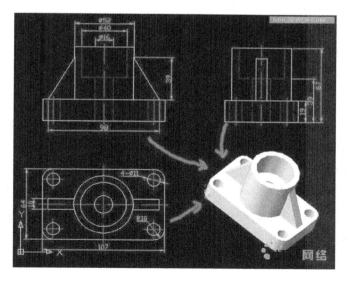

图 4 - 26　**AutoCAD 的制图案例**

当然,AutoCAD 还提供了多种操作工具,方便用户对图形元素进行修改、标注等操作。在图 4-26 中,可以清楚地看到对各种图形元素(如圆的半径、直径、零件的长度、宽度等)的尺寸标注。与传统的工程制图相比,AutoCAD 的优点在于大大提高了二维工程制图的效率,用户可以非常方便地对工程图形进行快速修改。

二维工程图目前仍在工业界广泛应用,但有很多缺点。比较典型的是:不够直观,并且难以支持设计员在设计过程中对各种可能的几何干涉进行分析,容易造成后期的设计反复。另外,二维工程图难以对复杂的几何曲面进行准确描述,因此在设计具有复杂外形产品时常常难以应用。在此背景下,三维 CAD 系统逐渐走向成熟,并得到了商业化的应用。

2) 典型三维 CAD 软件简介

目前,三维 CAD 软件已经发展成熟。工业界广泛应用的三维 CAD 软件有 CATIA, UG NX, Pro/E 等。目前,在大型复杂装备(如飞机、汽车等)的设计过程中,CATIA 和 UG NX 用得比较多。在小型制造企业中,Pro/E 因其价格便宜,而占据了相当大的市场份额。在功能方面,CATIA 和 UG NX 都比 Pro/E 要强大得多,但价格也相当昂贵。下面以 UG NX 软件为例简单介绍三维 CAD 软件的基本信息。

UG NX(原名:Unigraphics)是一个由西门子 UGS PLM 软件开发,集 CAD/CAE/CAM 于一体的产品生命周期管理软件[12]。UGS NX 支持产品开发的整个过程,从概念,到设计,到分析,到制造的完整流程。UG 从 CAM (Computer-Aided Manufacturing,计算机辅助制造,主要指数控加工)发展而来。20 世纪 70 年代,美国麦道飞机公司成立了解决自动编程系统的数控小组,后来发展成为 CAD/CAM 一体化的 UG1 软件。20 世纪 90 年代后,UG 开始为通用汽车公司服务。2007 年 5 月正式被西门子收购;因此,UG 有着美国航空和汽车两大产业的背景。

图 4-27 是一个 UG NX 5.0 版本的主要工作界面。图中,包含了最顶层的菜单区、工具条栏、图形显示与操作区。与二维 CAD 软件相比,三维软件显得更加复杂。但对用户来说,设计结果会更加清晰。

UG NX 支持多种形式的三维模型的生成。最简单也最常用的一种方式是用户可以先画出一个截面的形状,然后通过一些拉伸(Extrude)、旋转(Rotate)

图 4 - 27 UG NX 的典型界面

等操作来实现三维几何模型的生成。以图 4 - 27 所示的圆柱体为例,用户可以选择先在某个平面(如 XY)画一个圆形的草图(Sketch),然后用 Extrude 命令来对该圆形进行拉伸来完成,拉伸时需要选择拉伸的方向(如坐标轴的 Z 向),并输入拉伸起始坐标(或者选择感兴趣的点)和拉伸距离等信息。

另外,UG 还可以通过一些比较简单的体素模型的操作来进行复杂三维模型的生成。在 UG 软件中,提供了一些基本的几何实体模型(即体素),如圆柱体、球体、长方体等。用户可以直接选择这些体素模型,配置相应的参数来完成三维模型的构建。例如,如果用户需要画一个图 4 - 27 中的圆柱体,他可以直接从菜单或工具条中选择“Cylinder”的命令或按钮,UG 软件就会在用户绘图区域的旁边(一般为左边)弹出一个对话框,引导用户给出画一个圆柱体所需要的轴向,原点,高度、直径等信息,并根据用户的输入在图形窗口区域显示出相应的三维模型。

需要说明,UG 软件其实是通过一些简单几何模型的相加(Unite)、相减(Subtract)等操作来生成具有复杂形状的零件模型。在零件模型生成后,UG 软件还提供了 Assemble(装配)功能,使得用户可以把各个画好的零件图(Part)或者已部分装好的子装配体进行装配,形成装配模型。

为了使得用户可以建立比较复杂的几何曲面图形,UG 软件还可以通过帮助用户对一组点或者线进行拟合,形成具有各种自由曲面的实体模型。在这种情况下,用户一般需要给出一组点的坐标数据,然后由用户选择合适的拟合方法,来对这些点进行拟合。在工业界,这种方法可以帮助用户设计出具有复杂外形的产品。例如,在汽车设计过程中,通常先设计出概念车,这种概念车往往会做成 1∶1 的油泥模型,进而通过三坐标扫描的方法来建立油泥模型的三维点云模型(即一组点的集合)。在此基础上,利用 UG 软件对点云模型进行拟合,建立汽车的自由曲面模型。

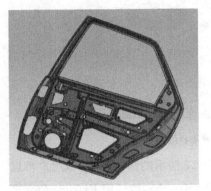

图 4 - 28　某汽车内板装配体的三维模型

通过三维 CAD 软件,用户可以对具有复杂几何外形的产品进行准确建模。图 4 - 28 是一个采用 UG NX 建立的汽车车门装配体的三维几何模型。需要说明,三维 CAD 软件的一个重要优势不仅在于它可以非常清晰的展示未来产品的几何结构与外形,它还可以非常方便地支持用户对零部件潜在的几何干涉进行分析,有助于尽早发现设计中的问题,减少设计反复。

另外,目前的三维 CAD 软件还可以支持机械系统的运动学分析,可以与一些动力学软件,以及有限元分析软件进行集成,方便用户对设计方案进行各种工程分析(如运动是否满足要求,强度是否满足要求)。

2. 制造

在工业产品开发过程中,产品在完成详细设计,形成零部件的详细图纸以及装配图纸后,还需要继续进行工艺设计,以使得产品可以被准确地制造出来。这里简单对工艺设计进行介绍。

由于详细设计的结果常常是具有规则但复杂形状的零件,需要对原材料进行一系列的加工才能制造出满足设计要求的零件。这种加工过程一般是非常复杂的。以图 4 - 29(a)所示的活扳手的扳体这样一个看似非常简单的零件为例,其制造过程包括了下料、加热、锻造、退火、冲尾孔、钻大孔、铣双平面等 20 多道工序,而对于只包含 5 个零件的活扳手而言,其生产则包含了近 200 道工序。对于制造型企业而言,工艺设计也是非常重要的一个部门,它直接决定了产品制造的质量。在目前国内的按订单生产（外贸型）企业中，由于都是按照客户给定的详细设计图纸进行制造，工艺设计就更为突出。

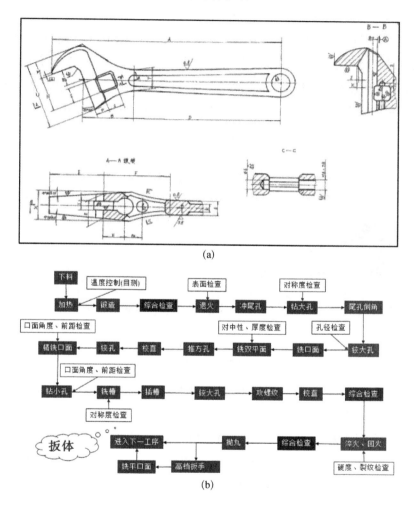

图 4－29　扳手的部门生产工序案例

需要指出，工艺设计的好坏不仅对产品的质量有重要影响，对产品的成本也具有非常重要的意义。同一个结构形状的零件，常常可以采用不同的工艺加工来实现，正所谓条条大路通罗马。然而，采用不同的工艺来加工，其制造成本往往有着比较大的差异。另外，工艺设计的结果也常常影响着生产效率。一些先进的生产工艺设备常常能带来高效的生产。因此，工艺设计对企业的生命力有着非常重要的影响。

工艺设计不仅需要找出制造零件所需要的原材料,还要优选出合适的材料加工设备(如车床、磨床等),还要设计出合理的工装设备。在新产品开发过程中,由于新产品总是有新的结构特征,因此常常需要开发出合适的工作设备。在大型复杂产品的开发过程中,工装设计也常常是非常重要的工作,它直接保证了所设计的零部件是否能被准确生产出来。图4-30(a)是一个汽车涡轮增压器的模型,右边则是某道加工工序所需要的夹具。如前所述,一个零部件的制造常常包含了很多道生产工序,不同的生产工序常常需要不同的工装设备,因此工艺设计的过程也是新产品开发过程中一件十分耗时的工作。

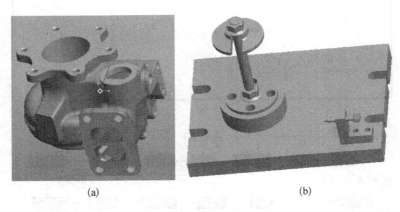

(a)　　　　　　　　　　　　(b)

图 4 - 30　某涡轮增压器及其加工夹具

需要指出,产品制造过程中的工装夹具常常对产品成本有着重要影响,在整个产品开发成本中占有重要的地位。这在大型复杂产品的开发过程中极为普遍。以汽车制造为例,一些汽车零部件的模具单价可能耗资千万元,而整个汽车的完整模具成本就更高了。即便在比较简单的加工类产品中,工装成本也不可忽视。以图4-30所示的夹具为例,其制造成本也有数千元。

为了保证制造质量,工艺设计不仅需要确定加工的方法、设备、工装,还需要确定各个工序的工艺参数,例如,机床的转速,切削深度,使得加工过程能得到良好的控制。另外,由于一个零件的参数往往需要从原材料开始经过多次加工才能变成最终所需的尺寸,在每个工艺阶段,都需要考虑零件尺寸的冗余度,也就是说,针对每个阶段,都会产生一系列的在各个不同半成品阶段的工艺图纸。

3. 试验

在完成工艺设计后,就可以组织试生产,形成产品样品(Sample)。对于工业产品而言,常常需要进行大量的各种试验来确保产品上市后能满足预定的各项功能要求。这种试验可以通过分系统的安装运行测试来完成。

在试验过程中,还需要对技术系统的整体性能进行测试,这类整体性能在早期设计阶段常常只能知道比较定性的结果,必须要在样品完成后进行实际试验来验证。例如,在汽车设计过程中,人们往往对汽车的噪声比较在意,而由于汽车的噪声受很多因素影响(制造精度也有影响),因此在汽车设计阶段,难以对汽车的噪声做到准确的预计。为此,必须在原型车完成后,对其进行噪声进行试验,以确定相关指标是否满足预期的设计要求。另一个例子是汽车的碰撞安全性试验。由于国家对汽车的碰撞安全性有相应的强制法规,汽车在上市前必须能通过相应的安全性试验。然而,汽车的碰撞安全性也是由一系列因素所决定的,也必须通过试验才能得到验证。

只有设计出的产品能达到预期的功能与性能要求,且能满足各种强制的法规要求和工业标准,才可以说产品已经得到了实现,也才能进行正式上市销售。

参考文献

[1] http：//www. baidu. com.

[2] Roseman, M. A. , and Gero, J. S. (1998) Purpose and function in design：from the socio-cultural to the techno-physical [J]. *Design studies*, 19：161 - 186.

[3] 谢友柏. 现代设计理论中的若干基本概念[J]. 机械工程学报,2007,43 (11)：7 - 16.

[4] Pahl, G. , and Beitz, W. (1996) *Engineering Design: A Systematic Approach* (*2nd edition*). Springer-Verlag, London.

[5] http：//www. oxforddictionaries. com.

[6] Simon, H. A. (1996) *The Sciences of the Artificial* (*3rd edition*). MIT Press, Cambridge, MA.

[7] 郦正能. 工程断裂力学. 北京航空航天大学出版社,2012,北京.

[8] Bunge, M. (1977) *Treatise on Basic Philosophy—Ontology I: The*

Furniture of the World. Dordrecht：Reidel.

[9] Chen，Y.，Zhang，Z.，Huang，J.，Xie，Y.（2013）Towards a scientific ontology-based concept of function. *Artificial Intelligence for Engineering Design*，*Analysis and Manufacturing*，27，241－248.

[10] System（from Latin systēma，in turn from Greek systēma）is a set of interacting or interdependent entities，real or abstract，forming an integrated whole.（Wikipedia）.

[11] 张余，付劲英，周秀等编著. 中文版 AutoCAD 2008 从入门到精通. 清华大学出版社，2008.

[12] 郭圣路，韩德成，等编著. UG NX5.0 中文版从入门到精通. 电子工业出版社，2008.

第五章
分布式知识资源环境中的产品设计

第一节　导　　论

成功的设计与创新思维是相辅相成的,都很重要。举例来说,人们都熟知米老鼠形象及动画片,那么是不是知道米老鼠是怎么产生的? 谁是其概念设计者? 谁又是其详细设计者? 米老鼠的概念设计者是沃尔特·迪士尼,是他产生了该形象的创意和草图。但是具体设计这个形象的不是他,而是尤比·艾沃克,是尤比·艾沃克在画纸上把创意变成了今天我们观众眼中的米老鼠。从设计的角度看,沃尔特·迪士尼无疑是具有创新思维的概念设计者,而尤比·艾沃克则是伟大的详细设计者。可以设想一下,如果只有沃尔特·迪士尼的概念,没有尤比·艾沃克落实到一张张的画纸上,结果会怎样? 有趣的是,他们二位用事实给出了这个答案。在米老鼠大获成功后,尤比曾经离开了迪士尼。在尤比离开的三年之内,沃尔特·迪士尼没有能够推出一部新的米老鼠动画片。同样,尤比在离开之后再没有创作出一部超越自己的代表作(10 年后尤比重新回到了迪士尼公司)。

市场上产品的竞争根本上是产品设计的竞争。其中创新在产品设计竞争中扮演着空前重要的角色。现代设计认为:"创新是现代设计的灵魂"。如何创新,前面几章已经作了许多讲述,其中非常强调创新思维的重要。从某个意义上讲,创新思维是实现创新的内在机制和深层动力。但是,必须注意到(正如在开篇案例中看到的):只有创新思维还是无法设计出具有竞争力(在市场上成功)的产品,同时还需要掌握或者了解正确的设计方法。可以说,创新思维启迪人们创新的前进方向,设计方法铺就人们到达创新目标的道路。本章中所讨论的现代设计是指分布式资源环境中的产品设计,是要研究在今天经济全球化的环境中,应该如何应对产品设计竞争的挑战,用最短的时间与最低的成本进行设计。

1. 什么是现代设计

要给现代设计下一个准确的定义很难。首先,这里讲的设计对象"产品"是广义上的产品。设计的对象可以是一个产品,一个服务,一个过程,甚至是一个机构(组织)。本章将这些对象都统称为产品,认为设计它们的基本原理是相通的。广义上讲,现代设计是指一系列符合时代发展需要的设计观念以及在这些观念推动下所产生的理论、方法和技术。狭义上讲,现代设计是指在分布式设计资源环境下,为实现产品竞争取胜而需要遵循的设计理论与方法。正如第一章所述,现代设计具有三个非常重要的属性:设计的竞争性,以知识为基础和以新知识获取为中心,对分布式资源环境的依赖性。所谓竞争性,就是设计的目的是要让所设计的产品能够在市场竞争中取胜。所谓以知识为基础和以新知识获取为中心,则强调如何使用已有知识(特别是没有使过的知识)来实现产品创新及在设计过程中要获取新的设计知识(某一知识的新应用是否能够成功的知识)。所谓对分布式资源环境的依赖性,是指为了能够实现竞争取胜,产品的设计必然是在分布式资源环境下进行。

2. 如何做到现代设计

要做到现代设计,那就要探讨一下我国产品设计如何在短期内赶上发达国家已有百年经验积累的产品设计的进程。众所周知,我国已经是制造大国,中国制造席卷全球。但一定要有一个清醒认识,那就是我国还不是制造强国。当前,我国制造业产品设计开发能力还很薄弱。比如,我国企业可以设计生产发动机,但还没有设计生产大型船舶、高档轿车、商用飞机等配套的高性能发动机的能力,更没有推出具有划时代意义的新型发动机的能力。我国企业在产品设计中照搬国外优秀企业的相同设计方案,采用同样的零配件资源,还是设计生产不出同样的高性能产品。什么时候我国可以成为制造强国?一国成为制造强国的标志是本国众多企业能够自主设计高性能的并在国际市场上能够竞争取胜的产品,特别是能够开发引领同类产品性能发展的具有独创性的产品。如美国的苹果公司,不仅率先推出在市场上被客户疯狂抢购的具有独创性功能的 iPhone 手机,而且成为引领新一代手机性能发展的领导者。如何达到这一目标? 是不是要跟着国外的公司学,完全重复他们走过的道路? 答案是我们应该探索一条不同的道路。因为时代不同,国内外的情况不同,发展起点不同,信息技术的水平也已经完全不同。中国应该充分利用高速发展的信息技术,通过推动分布式设计资源环境的发展,利用分布式的资源来设计在全球范围内具有竞争力的产品。这是寻求后发优势,加速由制造大国走向制造强国的一条道路,值得研究。

第二节　现代设计的理念与属性

有人购买一个产品,他为什么要买这个产品? 在假设是理性的一般情况下,购买一个产品是因为需要一个功能,他通过购买这个产品来实现这个功能。再想一下,为实现想要的功能,他为什么会买这个产品,而不买另一个? 这个问题的答案比较复杂。有人会说因为这个产品是名牌,有人会说这个产品比那个产品便宜,有人会说这个产品比那个漂亮,有人还会说这个产品比那个售后服务好,等等。但再深入地挖掘一下,他考虑的品牌、价格、美观、售后服务等的最根本原因又是什么? 其实经济学家已经给出了答案,那就是一个理性的消费者总是想用单位货币购买到最大的需求满足(经济学上称其为效用的最大化)。可以定义单位货币能够购买到的需求满足为单位效用。因此,如果要设计出用户都争相购买的产品,那么它必须要比同类产品具有更高的单位效用。一个产品的效用的核心是它的性能。性能集中体现在其功能的实现程度上。正如文献[1]中把功能的实现程度定义为质量,把产品的功能与质量统称为产品的性能。

我们知道,美国苹果公司是当今世界著名的创新型公司。其产品 iPod、iPhone、iPad、iTunes 及电脑不仅在市场上连创佳绩,而且更成为年轻一代疯狂追逐的时尚新品。2010 年,苹果公司以 3 196 亿美元的市值超过微软。但是在 1976 年,苹果公司初创时却是一个连 50 台电脑订单的配件都付不起的小公司。是什么推动苹果公司在竞争激烈的 IT 领域取得了今天如此的成就? 那就是产品创新与提供高性能的产品。1976 年苹果公司生产的 Apple Ⅰ 电脑相比同时代其他的电脑有如下新的功能：具有显示器(虽然只是用电视)、更容易启动(主机的 ROM 包括了引导代码)。公司成立的第二年开始发售最早的个人电脑 Apple Ⅱ。苹果公司在从 2001 年起的这 10 年间，按照平均每年不低于两款新型号产品的速度不断推出新产品(包括新型号的改进型产品)。此间更是诞生了众人皆知的 iPod、iPhone 和 iPad。谁也不知道 iPad 后苹果将推出的新产品会是什么。但肯定的是，它一定是一款在产品功能上有突破的产品，甚至是一款现在市场上还没有的产品。

可以说，市场上产品的竞争本质上是产品性能的竞争。而产品性能是通过产品设计来达到的。虽然一个产品在市场上的竞争力包括诸多要素，如功能、质量、价格、品牌、交货期、兼容性、售后服务、营销活动等。但最根本的要素是产品的功能与质量。可以设想一下，人们会买一个根本毫无用处的产品吗？所以一个产品能够实现一定的功能与质量是第一位的。而实现功能与质量的比较优势需要的是有竞争力的产品设计。可以说一个产品在市场上的表现在产品设计阶段已经决定。那么如何做到"有竞争力的设计"？现代设计理论给出的一些理念值得关注与实践。下面对第一章已经提出的现代设计的三个属性从另一个角度略作概述。

竞争性是现代设计的一个本质属性。如果设计不考虑竞争性，那么很可能会出现设计出的产品不能在市场卖出去，或者说卖不出好价钱。那么设计也就会失去自己的价值。因为设计出的产品无法卖到消费者手中，结果导致的就是对资源的浪费。如果设计出的产品卖不出好价钱，会是什么结果？那就是利润很少或者赔钱。没有人会做赔钱的设计。因此，从竞争性这个角度来说，那就是在产品设计过程中任何一个环节都要考虑设计是否是有竞争力。物理上成立的设计不一定有竞争力，技术上成立的设计也不一定有竞争力。虽然不能反过来说，产品竞争的成败就是产品设计的好坏，但是从竞争力的角度看，绝大多数形成竞争力的要素都是在设计阶段决定的。

1. 现代设计是需求驱动的

所谓需求，就是用户的需求，也定义为"对现实的不满或期望"。产品的设计就是要设计出满足一定用户需求的产品。用户的需求是多方面的。当我们要设计一个产品时，首先便是要明确我们所设计的对象将满足用户的什么需求。当需求明确后,后续的一切设计活动都被需求所驱动。所谓需求,不仅仅是设计任务书上规定的对产品的最终要求。实际上,从产品设计开始的每一个阶段、每一个步骤都是以满足特定设计需求为目的。设计需求贯穿整个设计过程,在设计的各个层次上体现出各个层次上的不同需求。

2. 现代设计是以创新为灵魂的

如何才能设计出有竞争力的产品?重要的一个方面就是"创新"。对产品而言,所谓创新就是实现了现有产品还没有实现的功能,或者实现了现有产品还没有达到的质量。这个道理很简单,因为别人没有,只有你有,自然没有竞争对手,自然具有竞争力。但是还必须注意,创新必须是要有价值的创新。什么叫有价值的创新(或者说成功的创新),简单来说就是有人愿意花钱购买你这个创新的功能或质量。没有价值的创新一样是失败的创新。因此,产品创新的目标是要生产出别人所不能生产的产品。创新强调新产品具有现有产品所不具备的功能或质量。设计中创新的成败是由产品在市场上竞争的成败来决定的。

3. 现代设计是以知识为基础,以新知识获取为中心的

认为设计是以知识为基础是大家都容易理解的。已有知识为产品设计提供了基础。今天所有产品的设计都在某种程度上应用着已有知识。几乎找不到一个设计是没有应用一点已有知识的。但为什么说设计是以新知识获取为中心?因为设计是要"实现有竞争力的产品"的需要,要实现一个产品在功能和质量上的创新,会发现已有知识不能够满足上述需求,需要去获取新的知识来创新或者需求去获取新的知识来验证创新。从这个角度讲,体现产品设计能力更重要的是知识获取能力。对于一个企业来说,设计知识获取能力是一种综合实力,既包括经营管理,也包括技术水平;既包括资本实力,也包括人才实力;既包括先进的技术装备,也包括长期研究开发的经验。它们的总和,构成了其设计能力。产品设计竞争的后面,实际上是这种知识获取能力的竞争。

4. 现代设计是对产品全生命期的设计

设计是为了满足用户需求的。今天用户的需求已经不仅仅是对刚买到手的产品能实现什么功能与质量的需求,还包括这个产品在使用中功能稳定的需求、

产品维护的需求、产品报废处理的需求等。也就是说用户的需求是对产品全生命期性能的需求。因此,设计也要是对产品全生命期的设计。相应地,进行设计时,不仅要获取生产这种产品的知识,还要获取所生产的产品在使用过程中性能变化的知识、产品的行为与有关的人相互作用的知识、产品的行为与环境相互作用的知识以及产品报废以后处理的知识。不能满足这些要求,就不满足现代设计的要求,因而也就很难期望在竞争中取胜。全生命期的设计使得设计的对象成为一个时变系统,从而使设计的知识获取变得更为复杂与重要。

如前所述,现代设计是基于知识的设计,以新知识获取为中心。如何能够保证有足够的知识与新知识获取能力就成为设计成败的关键。竞争已经带来了今天经济的全球化,要实现设计的竞争取胜,产品设计所要依赖的知识也必然是全球化的。也就是说,现代设计所需要的知识已经不再是集中在设计师或公司一处。设计知识已经不再是集中在设计师或设计公司一处的设计环境,而是分布式的设计资源环境。在分布式的设计资源环境下进行设计是现代设计的基本属性。这个属性将设计活动涉及的范围进行了一个大大的扩展。也就是说,现代设计讨论的不仅仅是利用设计师本人的知识来独立完成的设计,也不仅仅是利用一个公司拥有的知识来完成全部的设计,而是充分利用分布式的设计知识资源来进行设计。当然也正是这个属性带来了现代设计不同于传统设计之处。传统设计不必考虑分布式设计资源环境,传统设计不必考虑设计师如何寻找到最有竞争力的设计资源及如何集成到自己的设计中,传统设计不必考虑设计资源单元如何进行设计服务,传统设计当然也不考虑如何实现一个有效率的分布式设计资源环境。

另外值得注意的一点是,今天计算机与网络技术的发展使得设计者在分布式资源环境中通过互联网组织分布式的设计资源来进行合作设计成为可能。所以现代设计比传统设计更加依赖于信息技术。也可以说,信息技术为现代设计提供了技术上的支持与保证。因此,充分利用计算机与网络技术也是现代设计的特点。

第三节　分布式设计资源环境

意大利文艺复新时期最负盛名的艺术大师达芬奇(1452～1519),其实还是一位被公认的"最杰出的设计大师"。他先后设计发明了飞行机械、直升飞机、降落伞、机关枪、手榴弹、坦克车、潜水艇、双层船壳战舰、起重机等。他个人的创新思维、经验知识与实践的工作方法是他成就非凡的根本要素。不过今天最大的民用飞机制造商波音公司并不是这样，它成立于 1916 年，是世界上最大的飞机制造商，生产电子和防御系统、导弹、卫星、发射装置等，运营着航天飞机和国际空间站，是美国国家航空航天局的主要服务供应商。毫无疑问，提供高性能的产品与持续的产品创新成就了波音今天航空航天领域的领袖位置。近百年的知识与技术积累与规模庞大的产品设计与研发队伍是其成功的技术保障。波音全球共有员工 15.9 万多人，超过 12.3 万人拥有大学及以上学历。这些员工来自全球约 2 700 家大学，几乎涵盖了所有商业和技术领域的专业。技术娴熟，经验丰富且极富创新精神的人才队伍持续为波音的产品与服务的创新贡献着力量。而波音公司的主要竞争对手空中客车公司，成立于 1970 年。该公司成立之初的定位就是赶超波音公司。只有 40 岁的空中客车公司靠什么赶上比他年长两倍多的波音公司？是因为它采用了与波音完全不同的发展模式。这家公司从成立起就充分利用欧洲包括德国、法国、西班牙与英国等有优势的技术资源。其空中巨无霸 A380 更是充分利用全球范围内的先进技术资源，在材料、工艺、系统和发动机等方面采用了一系列新技术。新技术的采用实现了更少油耗、更高舒适性的高产品性能。今天我们国家要由制造大家走向制造强国，空中客车公司的发展模式值得我们借鉴，也就是说要充分利用分布式的设计资源，用更短的时间实现跨越式发展。

1. 设计发展的三个阶段

　　从有了人类起，便有了设计，因为人类使用的工具便是设计的产物。人类社会的设计发展可以概括为三个阶段：第一阶段（1875 年之前）是自觉与经验设计阶段，该阶段并没有什么设计的概念，设计被认为是基于个人经验与知识的艺术创造行为。在该阶段设计所依赖的知识是集中在个体的经验知识。如达芬奇的设计完全是基于自己的经验知识进行的。

　　1875 年勒洛出版了《理论运动学》一书。在该书中对机械元件的运动过程进行了系统的分析，第一次提出了机械设计中的"过程规划"模型，对很多机械技术现象中本质上统一的东西进行抽象，在此基础上形成一套综合的步骤。该书就是我们今天所学的《机构学原理》与《机械原理》的基础。从此开始为第二阶段,设计有了方法上的指导。这个阶段有了公司,产品的设计主要成为公司行为,设计所依赖的知识开始集中在公司内部,比如案例中波音公司的设计。

1969 年,西蒙首次正式提出了设计科学的概念,并总结了设计科学的特点、内容与意义。之后伴随着计算机的出现,各种辅助设计的软件工具层出不穷,设计得到迅速发展,是第三阶段。到今天,人类可以设计出非常复杂的产品,比如波音的飞机、奔驰的轿车、苹果的手机等。设计的产品越来越复杂,设计的竞争越来越激烈,用户的需求越来越高,设计所需要的知识越来越多,设计中的创新越来越重要。这一切都为产品设计带来了前所未有的挑战。

如何应对这些挑战,正如第一节提到的,产品设计要充分利用分布式资源环境,要充分利用高速发展的信息技术。这样有助于在短期内实现设计能力跨越式提高,用不同于过去企业使用的技术积累方式快速形成产品设计的竞争力。

什么是分布式设计资源环境? 这就是说设计所依赖的知识资源不是集中在一处,而是分布在不同的地域或为不同的所有者所拥有。在分布式设计资源环境中的设计具有如下的特点:① 设计基于分布式知识资源环境进行;② 设计者从分布的资源环境中选择性地使用有竞争力的知识资源;③ 以最小成本在最短周期中实现新知识的获取和应用;④ 快速更新产品以适应市场变化和满足客户的定制式需求。

2. 分布式设计资源环境的结构

在分布式设计资源环境中,设计环境由设计主体、分布式设计资源单元与设计知识资源中介组成。分布式设计环境简单示意如图 5-1 所示。

1) 设计主体

在分布式设计资源环境中,设计主体是整个设计活动的组织者和竞争风险的承担者。设计主体按照设计的过程进行设计需求分析与确认,设计任务安排与组织。在设计活动中需要设计资源单元提供知识时,则寻找合适的资源单元来完成。设计主体与设计资源单元间通过知识服务的模式进行。设计主体要以创新思维选择要满足的需求,寻求最适当(通常是高水平和高服务质量)的知识服务,以求设计结果有最高的性价比、最短的投产周期和最低的设计成本,即最强的竞争力和最小的竞争风险。

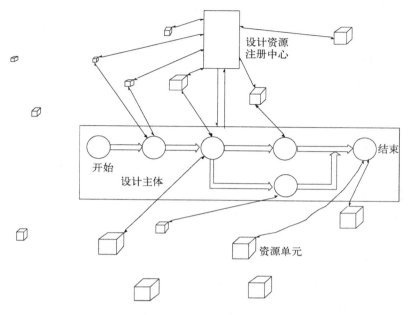

图 5-1 分布式设计资源环境

设计主体与资源单元是在一个设计完成过程中相对而言定义的。在一个设计中负责设计的组织并承担设计风险的一方为设计主体。为设计主体提供某一单元知识服务的一方称为设计资源单元。因此在分布式资源环境中的基本设计单位我们可以统一用"设计资源单元"来描述。

2）设计资源单元

设计资源单元是"资源实体"和"知识服务"的集合体。"资源实体"是指能够提供知识服务的实体（个人或者组织机构），它们拥有知识的所有权和运行权，拥有知识的知识产权，并且负责知识资源的运行、维护和不断更新。资源实体拥有的资源不仅包括知识资源，而且还包括人力（智力）资源及必要的实体运行的财力资源。"知识服务"是资源实体所提供的设计服务，是资源实体为解决设计过程中的具体问题而能够提供的服务的抽象描述。资源单元要对自己的服务水平和服务质量负责和承担服务竞争的风险。

在实际的设计任务中，资源单元也可以是设计主体，究竟是资源单元还是设计主体要根据它们在设计中的相互关系和所承担的竞争风险而定。举汽车设计为例，在设计过程中汽车设计一方是设计主体，提供配套的发动机设计服务一方是资源单元,它只承担发动机设计的风险,而不承担汽车设计和汽车设计中选择发动机和集成发动机到汽车中的风险。而就提供配套的发动机设计来说,发动机设计一方便成为设计主体,相应地发动机活塞设计服务方或者排气管流道CFD分析的服务提供方就成了资源单元。它们各自承担相应的责任和风险。

3) 设计资源中介

可以想象,在分布式资源环境中的设计必然存在这样的问题。设计主体针对某一新知识的需要,如何在可能存在许多该类知识服务中找到合适的资源单元? 提供某项知识服务的资源单元又如何能够让可能有知识服务需求的一方找到自己? 如同婚姻对婚姻中介的需求一样,设计需要设计资源中介。设计资源中介是为满足设计主体可以快速寻找到合适的设计知识服务,以及资源单元可以将它能够提供的知识服务同时向众多的设计主体发布而产生的。为满足以上两个功能需求,设计资源中介必须具有如下功能:① 具有知识服务的注册与发布功能;② 管理知识服务的功能;③ 供设计主体发布知识服务需求,搜索并选择知识服务的功能。根据实践经验,中介可能还需要具有或者具有部分双方权益保证和纠纷仲裁的功能,并承担相应的责任和风险。

分布式设计资源环境中,设计主体负责组织产品从需求分析、概念设计到详细设计的整个设计过程。在设计过程中,根据设计需求不断进行任务分解,当需要请求资源单元知识服务时,可以通过设计资源中介在分布式智力资源环境中寻找合适的资源单元来提供服务以满足设计需求。资源单元拥有资源的所有权和运行权,负责知识服务的运行、维护和不断更新。在传统的设计资源工程环境中,企业开发产品所需要的资源主要约束在企业内部,而在分布式设计资源环境中,设计主体可以同时请求多个资源单元来提供知识服务,而资源单元的知识服务也可以同时为多个设计主体提供服务。

由上面讨论的现代设计的这种设计模式,可以总结分布式设计资源环境应具有如下特点:

(1) 分布性:设计资源的拥有和控制并不集中在某一单位或者机构,而是分布(地理的分布和从属的分布)在整个环境中。因此,设计的活动、知识获取和知识服务也呈分布的状态存在。

(2) 并存性:不同的资源单元提供的同类知识服务可以同时存在,正当竞争。同一资源单元可以为不同设计主体提供相同的知识服务,与设计主体之间的竞争无关。

（3）封装性：分布式的知识资源以将资源封装为服务的形式存在。资源单元发布了其提供的知识服务的特定输入与输出，同时将内部实现细节封闭起来。这样既可以保护资源的知识产权，同时又不影响其通过服务提供知识并获得回报。当然，因为设计知识资源复杂性和的多样性，并不是所有的资源都需要封装和都能够封装，这些将在更专业的文献中讨论。

（4）可集成性：分布的知识服务可以方便地通过设计主体来进行集成，这种可集成性对于资源单元的具体要求就是要实现"即插即用"；而对于设计主体的要求就是有提出服务需求和集成外部服务到设计中的能力。在分布式资源环境中，集成能力就是设计主体的核心竞争力。

（5）利益驱动性：分布的知识服务要满足设计竞争性的需要，必然要求其提供的知识服务具有竞争力。要保持或提高知识服务的竞争力，资源单元则必须保持其不断提高与更新服务的能力。这种能力的保持需要有利益的获取来驱动，否则就难以为继。因此只有在合理利益的驱动下，分布式资源单元才能够有效组织和应用起来，健康发展并发挥其真正的价值。

（6）自组织性。分布式的设计资源环境如同互联网一样，要保持其活力与持续的发展，必须是自组织的。不能也不可能期望某一个人或某一个机构有能力完全建设起这样一个分布式设计资源环境。资源单元在分布式资源环境中产生、发展与消亡依赖于其自身对该环境的适应力。有竞争力的将发展壮大，没有竞争力的资源将自然消亡。要实现分布式设计资源环境的自组织性，重要的是要制定该环境的运行机制与规范。从淘宝网的发展可以得到有益的启示，淘宝网发展成为今天中国最大的网上商品交易平台，不是有某个人亲自去组织这个商品交易环境中的购买方与提供方，而是其制定了在这个网络环境中交易的机制与规范。

分布式的设计资源环境现在还没有形成，如何进一步促进分布式设计资源环境的形成与发展，需要在以下几方面进行努力：

（1）首先需要形成一个分布式设计资源环境的"源"。这个源也就是一个原始的小环境。它能完全体现大环境的特点，具有合理的运行机制与约束规范。这样，这个源在其自组织性的推动下就会逐步发展成为一个大环境。

（2）建立合理的运行机制与约束规范。包括服务提供的标准、注册的机制、搜索的方法、服务建立模式、服务契约、利益的分配、服务的保障等机制。当然这里的运行机制也包括商业模式,形成利益上的驱动是关键。

(3) 加强知识服务理念的宣传、推广和应用。鼓励知识资源拥有者提供知识服务,促进设计主体在设计活动中接受"知识服务"这一新模式。像淘宝网发展初期在中央电视台作的网上贸易、阿里巴巴的广告宣传等都是可以借鉴的经验。

(4) 发展知识服务封装技术和设计实体提出服务需求和集成服务到设计中的能力。设计中顺畅方便的知识服务要求技术上支持实现知识服务的独立、组件化、位置明确、松耦合及方便的互操作。这是可以通过网络查找其服务地址并通过调用实现服务的基础。设计实体提出服务需求和集成服务到设计中的能力也可以通过软件技术得以提高。

(5) 建立知识服务的诚信机制。知识服务如同商品交易一样,必须要有相应的诚信机制的保障。淘宝的成功机制之一便是其第三方担保的"支付宝"机制。该机制继在淘宝的成功后,现在已被广泛应用于各种网上交易,如网上银行(金融服务)、网络游戏、网上书店等。

(6) 建立知识服务的安全机制。在分布式资源环境中,知识是分布的,所以需要特别注意知识与数据的安全问题。所有数据传输,服务连接都应该避免非法的运行和操作,并且保证设计数据安全、有效地传输和验证。这在金融系统有成功的实现可以借鉴。

本节最后给大家介绍一个能够在一些方面体现分布式设计资源环境思想的研究示范网站——现代设计与产品研究开发网络(http://www. chinamoderndesign. com/)。同时,推荐大家访问基于此思想开发形成的设计知识服务应用网站——奥依(Open Innovation)知识服务网络(http://www. auyenet. com/)。

3. 现代设计与产品研究开发网络

早在 1996 年,制造业界的学者便认识到导致我国制造业困难的一个重要因素是企业缺乏开发有竞争力产品的能力,因此提出了"产品设计是制造业的灵魂"的口号。1997 年 11 月在西安召开了"现代设计与产品研究开发论坛"第一次会议。会议认为"现代设计"是我国制造业面临的一项紧迫任务。随着各类制造业企业机制的转变,对产品研究开发会产生更强烈的要求,而企业现代设计能力不足,则是严酷的现实。依靠信息技术的发展,组织好分布设计知识资源的建设和利用以支持制造业研究开发产品,对于我国设计领域将是一场巨大的机遇和挑战。在这样一个背景下现代设计与产品研究开发网络应运而生。

现代设计与产品研究开发网络与一般的网站应当有所不同。一般的网站的服务通常是提供信息,而该网站建立的主要注意力放在为客户提供设计过程中所需要的知识资源和知识获取资源上。该网站的主要功能与特点可以归纳如下:

(1) 将拥有设计资源或潜在设计资源的单位(或机构)主页链接到了现代设计网络的主页上。同时与国内其他重要的网页进行了链接,使客户也可以分享他们的资源。这样做的目的是希望客户在搜索信息和资源时更为方便。

(2) 作为提供设计资源进行知识服务的一种尝试与示范,该网站提供了四种类型的服务:

① 远程数字仿真(性能分析)程序的调用。网站上成功运行着转子—轴承系统性能远程仿真分析的计算服务、公司产品设计与技术创新能力评价的远程服务等。

② 数据库服务。一个覆盖多种流体动压轴承的数据库已经建成并挂到网上,这个数据库采用收费使用的办法。中国轴承信息库也已挂在网上,提供免费滚动轴承型号规格的查询服务。

③ 产品定制服务。上海交通大学假体工程研究所提供西安地区的外科医生向该研究所订购定制型假体的业务。网站向医生提供在西安与上海视频和音频讨论的环境。

④ 信息服务。对于目前在技术上还不能依靠指令来调用的资源,许多能提供服务的这一类单位(供应商)可以把他们的服务项目、技术范围、网上委托办法等通过 UDDI 注册表注册到网站上发布。

另外,网站也开通了 BBS,提供在网上对现代设计这样非常重要但又缺乏经验的问题展开了讨论并听取各方面对网站工作的意见。

根据本节所述分布式设计资源环境的特点与作为该环境下设计资源中介的网站,基本实现了作为设计资源中介的三个主要功能。但真正被广泛应用,在如下方面还需要进一步完善:

(1) 更方便的知识服务的注册与发布功能。目前该网站主要提供的是信息的注册与发布。如何支持资源单元发布其提供的各类知识服务的特定输入与输出，同时将服务封装起来，最终支持设计主体"即插即用"地将该服务集成到其设计流程中是需要进一步从技术上开发的功能。

（2）管理知识服务的功能。目前该网站还不具备各类不同的知识服务的分类体系与管理功能，特别是在动态增加新的服务资源分类与结构化搜索方面需要完善。

（3）实现利益驱动的商业模式有待开发。提高知识服务的竞争力需要资源单元保持其不断提高与更新服务的能力。这种能力的保持需要有利益的获取来驱动，否则就难以为继。实现利益驱动的商业模式是将分布式资源单元高效组织起来并发挥其真正的价值的前提。

（4）从设计资源中介的角度实现分布式设计资源的自组织性（如运行机制、竞争规范等）还不具备。

当然，分布式设计资源环境的形成不是一日之功，需要长久的探索与实践。本章后续的设计知识服务与分布式资源环境中的设计集成两节内容也是对在分布式设计资源环境下如何进行产品现代设计的一些研究成果的介绍，提供给读者作进一步研究的参考。

第四节　设计知识服务

在产品设计过程中所涉及的知识众多。从设计的过程看，涉及用户需求知识、功能设计知识、物理知识及加工工艺知识等。因为有了"人类有计算的需求"的知识，人们才设计了计算机。因为有了"人类有通讯的需求"的知识，人们才设计开发了手机。在设计手机时，首先要利用功能设计知识来设计手机系统的功能结构并划分功能模块，然后选择或应用相关的物理知识来确定功能实现的物理原理，最后还要考虑如何将设计出的产品（或零部件）加工出来的生产工艺，这就需要加工工艺知识。从设计过程中知识的表现形式看，可分为隐性知识和显性知识。隐性知识主要存在于人的头脑中，可以说所有的设计都深深地依赖领域专家的经验和知识。显性知识包括结构化的数据、文档、经验、案例、规则、程序、标准、规范、流程、专利等。显性知识可以通过计算机系统来管理、隐性知识主要是通过人的参与来体现。

　　讨论分布的知识资源环境下的设计知识服务，需要首先研究在分布式资源环境中设计知识存在的模式、设计知识的分类体系及设计知识表达的方法。只有实现了设计知识的结构化表达，才能够实现设计知识在分布式资源环境中按照一定的模式进行流动（包括搜索、匹配、应用等）与控制。因此分布式资源环境中设计知识的表征与知识服务的管理是知识服务形成的基础。本节首先讨论产品设计知识的存在模式和设计知识的分类体系，然后阐述设计知识如何形成知识服务以及知识服务如何在分布式资源环境中被高效地搜索、获取和应用。

1. 产品设计知识的存在模式

　　产品设计是一个集需求发现、需求分析、功能设计、概念（方案）设计、详细设计、技术经济性分析、仿真及试验等于一体的复杂的过程。产品设计知识涉及的范围非常广泛，普遍存在于设计人员、设计机构及相关的媒介（如数据库、知识库、文档等）中。分析产品设计知识存在的模式与应用方式是实现知识建模（结构化）与流动的基础。

　　1996 年，经济合作与发展组织（OECD）在题为《以知识为基础的经济》（*The Knowledge-Based Economy*）的报告中，提出了知识的 4W 分类，将知识划分为四种类型。第一类为 Know—What 知识——关于事实的知识；第二类为 Know—Why 知识——关于自然原理和科学的知识；第三类为 Know—How 知识——关于如何去做的知识；第四类为 Know—Who 知识——知道谁拥有自己所需要的知识。设计知识也基本上涵盖了这四种类型。如设计需求分析的知识更多是 Know—What 的知识，概念设计中首先需要确定的便是应用什么样的 Know—Why 的知识，详细设计中更多是 Know—How 的知识，分布式设计知识资源的管理便是 Know—Who 知识的体现。在分布式资源环境中，可以将设计解读为知识集成的过程。这就可以形象地将能够在分布式资源环境中进行集成的知识看作是知识组件。将知识转变为知识组件是在分布式设计资源环境中重要的工作（后面会详述知识组件及其实现方法）。

　　从设计知识存在的状态看，包括隐性知识和显性知识。隐性知识存在于人的头脑中，是还没有用语言与文字表达出来的知识。如波兰尼所指出的，隐性知识本质上是一种理解力，是一种领会、把握经验、重组经验，以期达到对他的理智的控制能力。隐性知识是人类知识的内核,是显性知识的来源。就产品设计而言,隐性知识是人在实践中积累获得的经验知识,是与个体的体验和经验紧密相关,是来源于实践与体验、是尚没明确表达(或没办法明确表达)出来的知识。隐性知识是一种无形的知识资源,在产品设计中起着决定性的作用。除了隐性知识外,当然还有显性知识。在产品设计领域,显性知识包括科学原理、数学模型、数据、文档、案例、规则、标准、规范、流程、专利等。显性知识的特点是可以通过某种方式明确表达,固定存在和供人们学习与利用。显性知识是一种已有知识,是产品设计的基础。

在产品设计过程中,知识通过多种途径被获取与应用,常见的知识获取途径有6种:已有知识、市场信息、虚拟仿真、物理模型试验、样机试验与已投入使用的产品表现的检测。后五种途径获取完成后的知识便成为已有知识。已有知识是显性的知识。知识在获取过程中需要隐性知识的支持,也即需要人的参与。结构化表达支持设计的显性知识是实现产品设计过程中知识应用的要求。在产品设计过程中,隐性知识的应用通过设计过程中的人的参与来完成。隐性知识的应用过程往往是知识显性化的过程。因此,记录与管理设计过程中的知识便很重要。设计的过程是知识流动与应用的过程,通过对知识的结构化可以提高知识的流动性、降低知识流动的阻力,提高知识应用效率。同时,结构化的知识也是实现知识在计算机网络中流动的前提。设计知识结构化主要包括两项工作:建立设计知识的分类体系与进行知识的结构化表达。合理的知识分类体系支持知识被快速地发现。结构化的知识表达支持知识高效地被传递与应用。需要指出的是,在设计过程中隐性知识往往发挥着比显性知识更重要的作用。产品现代设计中需要研究如何高效利用分布资源环境下的隐性知识服务。

分布式设计资源环境与传统的垂直结构设计资源的不同为设计知识的分类与结构化带来了新的挑战。如何为分布式资源环境下的设计知识分类要以满足在分布式资源环境下的知识服务搜索、应用为宗旨,要以能够快速高效地搜索、验证并获取知识服务为目的。下面给出一种在分布式资源环境中面向知识服务的设计知识的分类体系与应用,也可以理解为是对设计知识服务的分类体系。

2. 产品设计知识分类体系

在分布式知识资源环境中进行产品设计的核心工作是设计主体从设计知识

资源环境中获取知识服务。进行知识服务获取的第一步是知识服务的搜索,结果是知识在一定的设计过程中被应用。产品设计过程中涉及的知识服务类型众多,建立设计知识服务分类体系是实现知识快速搜索与完成知识服务的要求。设计知识服务分类体系的建立要以快速定位所需的设计知识服务为目标,同时考虑设计主体(知识的使用者)通过知识服务应用知识的需要。因此建立产品现代设计知识服务的分类体系应遵循以下原则:

(1)设计知识服务分类体系要考虑知识产生的背景。设计中应用的知识许多是在一定学科研究背景下产生的,分类体系要符合已被普遍接受的按学科来定位知识的要求。还有许多设计知识是在产品设计开发过程中产生的,这时就要考虑其产生的工程(产品)背景。

(2)设计知识服务分类应适应知识应用的要求。设计知识服务主要应用于产品的设计开发过程中。设计知识服务分类应尽可能满足产品设计的一般过程分类与自顶而下的设计原则。不同类型知识的应用方法不同、应用流程也不同。设计知识服务的分类也应满足不同应用方法的要求。如对文档类型的知识应用往往是文档浏览;对数据表示的知识的应用常是数据查询;对于程序表示的知识应用是通过程序调用(包括远程调用);对于隐性知识的应用是通过人的参与来实现。

(3)设计知识服务分类应满足分布式资源环境中产品设计的需要。在分布式资源环境中,知识是被众多的设计主体与资源单元拥有。设计中应用的知识既然突破了传统上限于设计主体拥有的知识范围。因此,设计知识服务分类体系要考虑到分布资源环境下知识的拥有者的特性。产品设计的过程是知识流动的过程,而借助计算机和网络进行流动的前提是能够被结构化地表达。因此,知识的分类体系要考虑到知识的结构化方式。考虑知识的拥有者属性与结构化方式有利于知识的快速获取。

根据以上的讨论,介绍一种产品设计知识服务的六维度分类体系。六个维度分别是学科维、产品维、资源单元维、设计流程维、表达形式维与设计域维。按照产品设计知识的六维度分类法对知识服务进行分类,可以明确地表达知识的应用范畴、应用环境及其表达形式。这为实现分布知识资源环境中知识搜索与流动奠定了基础。

1)设计知识服务的学科维分类

学科维分类是知识的基本分类法,也是人类科学技术发展过程中形成的既定分类。按照学科对设计知识进行分类符合人们的认知习惯。设计知识服务的学科维分类按照国家标准《学科分类与代码》(GB/T 13745 - 92)进行。任何新的知识服务都可以按此标准纳入到相应的学科中并随着学科分类的完善而扩展。

2) 设计知识服务的产品维分类

产品设计知识是应用于产品设计的,按照产品来进行设计知识分类提供了知识应用的对象特征。这对知识的快速搜索具有重要意义。产品的形式多种多样,一条知识往往会用于多种产品。产品与知识服务的对应关系是多对多的关系。赋予知识产品维的特征虽然很难精确全面确定知识的应用对象,但基于产品设计知识往往是在一定的产品背景下产生的,这对于提高知识搜索的匹配精度很有作用。产品维的产品分类也类似于学科维,是一个随着新产品的不断出现而不断扩展的过程。

3) 设计知识的资源单元维分类

产品现代设计是在分布式资源环境下的设计,围绕一个产品设计开发的知识流动是在设计主体和资源单元间进行。设计知识在应用过程中始终具有资源单元维的属性,该属性表明了知识的来源。按照资源单元维的分类体现着现代设计知识的独特特征。在分布式设计资源环境下,设计知识在应用过程中始终具有资源单元维的属性,该属性表明了知识的来源或知识服务的提供者。按照资源单元维的分类体现着现代设计知识的独特特征。

4) 设计知识的应用流程维分类

知识服务在应用流程维的分类主要根据知识被应用的不同流程。任何一个设计过程都是按照一定的设计流程来进行的。设计流程是设计知识中重要的一类知识,是知识流动的“管道”。资源单元知识服务提供的知识在流程中的某一节点流入流程中,与流程中已有的知识进行某种融合后形成新的知识继续流动下去。知识流动过程中不断地产生着新的知识。这些新的知识同样需要被管理。按照流程维对知识分类可以清晰地表明知识被应用的流程,也为设计流程重用提供了保证。这里的流程可以是产品开发中的流程,也可以是项目执行中的流程。如某产品开发流程 A 包括 AA、AB 和 AC 三个子流程,AB 子流程又包括三个任务节点:ABA、ABB、ABC。如果知识 K1 在节点 ABB 被应用,那么知识便具有 A - AB - ABB 的流程分类属性。这样,便可以清晰地表明知识被应用的过程,同时当 A 流程被重用时,便可以直接使用 K1 知识(知识服务)。流程维对设计主体进行知识管理是必要的,知识服务需要与具体的设计流程节点进行关联。

5) 设计知识的表达形式维分类

知识从表达形式可分为隐性知识和显性知识。隐性知识存在于人的头脑中,表达形式为专家知识。显性知识是可以通过某种结构化方式表达的知识。设计知识在表达形式维的分类属性体现了其结构化的程度。结构化的设计知识按如下形式进行表达:专家、文档(包括图片等)、案例、规则、标准、规范、专利、数据、流程、程序(包括软件)等。通过结构化表达后的知识可以通过计算机系统来管理与提供服务。这里隐性知识是无法结构化的,一般通过对专家的管理来体现。

6) 设计知识的设计域维分类

公理设计提出了基于用户域、功能域、物理域和过程域的设计过程模型。该模型提供了具有普遍意义上的产品设计过程理论框架。这种分类是界定那些关于设计如何从一个域映射到下一个域的知识,是一种有普遍意义的分类。定义与用户需求相关的知识为用户域知识,定义从用户域向功能域映射的知识为功能域知识,定义从功能域向物理域映射的知识为物理域知识,定义从物理域向过程域映射的知识为过程域知识。通过这种设计知识服务分类,可以较清晰地反映设计知识在设计过程中的应用范围,有利于设计工程师根据设计域快速搜索合适的知识服务。

按照产品设计知识服务的六维度分类法对设计知识服务进行分类,可以明确地表达知识的应用范畴、应用环境及其表达形式。基于六维度分类,可以建立在分布式资源环境中设计知识服务的表征模型——知识立方体模型,如图 5-2 所示。

一个立方体代表分布资源环境中存在的设计知识服务,立方体内部的空间表示知识的内涵(或称知识本身),知识本身的建模与表达可以采用已有的各种知识描述方法进行,在此不作讨论。立方体六个面的法线方向分别表示该知识在 6D 知识分类体系中的六个维度。相对应的六个面称为该设计知识服务在六个维度上的应用界面,分别称为:学科面、表达形式面、资源单元面、产品面、应用流程面和设计域面。六个面上所包含的内容分别表示该设计知识服务在相应

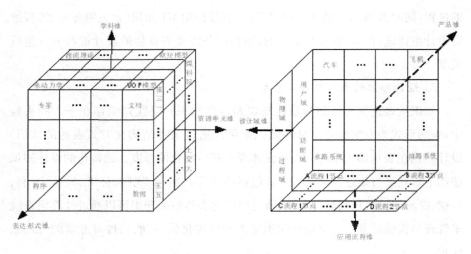

图 5-2　分布资源环境中设计知识服务的表征模型

知识分类维度上的属性，也就是该设计知识被搜索或者应用的接口界面。不同的知识服务在各个维度上的属性值可以根据其应用情况不断进行扩充。图中各个面上列举了各个维度上知识属性的部分值。对于具体的设计知识服务，六个面包含的内容表示了该知识服务在不同维度的具体属性值。随着该具体知识服务的应用动态地扩展。也就是说具体知识服务的立方体各个面上包含的内容会逐渐增加，立方体的大小也会逐渐扩展和膨胀。扩展与膨胀的程度反映了该知识服务的应用宽广度。通常情况下，设计域面当前最多包含四项内容（从目前的研究看），随着研究的深入和发展，以后可能会扩展；资源单元面包含的内容主要是知识所属的资源单元（个人或者团体）。

3. 知识应用模型

知识应用模型包含知识的内涵表示、应用表示和应用特征表示。这里首先引入一个概念"知识组件"。知识组件是封装了知识并提供了一系列的输入与输出接口的计算机程序组件。该组件可以被方便地在计算机网络环境中通过调用方式提供知识服务（知识如何形成知识组件下面会有详细描述）。知识的内涵通过知识组件本身的内涵来表示。知识的应用表示通过知识组件的相应输入与输出来定义。知识应用特征通过期六维度分类特征来表征。

本章中将提到的几个重要概念定义如下：

（1）知识表示：指将知识封装为知识组件的过程叫知识表示。换句话说知识内涵（内容信息）的表达形式就是知识表示，在本章中可以认为知识组件是知识表示模型。

（2）知识表征：将知识组件定义为具有六维度分类属性的知识应用组件。知识立方体就是知识表征模型，知识表征模型表达了知识被搜索和应用的特征。

（3）知识应用组件：具有六维度分类属性并被定义了具体的输入与输出的可供集成的知识组件。

（4）知识服务组件：知识应用组件被封装发布为可提供互联网上知识服务的程序组件。

下面讨论用知识组件进行知识表示的模型。软件工程中对象管理小组（Object Management Group，OMG）的"建模语言规范"中将组件定义为："系统中一种物理的、可代替的部件、它封装了实现并提供了一系列可用的接口。一个组件代表一个系统中实现的物理部分，包括软件代码（源代码，二进制代码，可执行代码）或者一些类似内容，如脚本或者命令文件。"本章将知识组件定义为封装了知识并提供了一系列的输入与输出接口的程序（软件）。各种知识通过软件代码将其封装起来，通过定义的接口来实现对知识的应用。假定各类知识可以通过软件代码将其封装，那么知识的应用可以通过组件的输入与输出接口来定义。

根据知识类型的不同，知识组件可以分为经验知识组件、半经验知识组件与规则知识组件，如图5-3所示。不同类型的知识组件由不同的数据类型来定义其输入与输出。

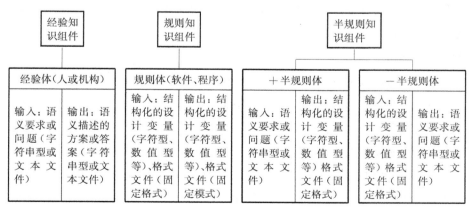

图5-3 各类知识组件

经验知识组件适用于：① 隐性知识表示；② 非结构化知识表示。比如专家知识组件由经验体（可以看作是专家）、提问的问题可以看作输入，专家的回答可以看作是专家知识的输出。可以通过计算机程序定义这样一个结构来实现适合于专家在互联网上提供知识服务的目标。下面将有具体的例子来体现。

规则知识组件由规则体（通常是可以执行的程序、软件或数据库）、规则体执行需要的输入与规则体执行后给出的输出结果组成。规则知识组件适用于：① 计算程序（软件）；② 数据库服务等。

半经验知识组件是指设计知识服务是需要人与软件共同来完成的这类知识组件。其典型的形式可以分为两类。一类是输入是非结构化的语义描述，输出是结构化的结果。另一类是输入结构化，输出是非结构化的语义描述。当然也可以是输入与输出都是或一方是非结构化的语义与结构化的混合描述。

知识组件建立后，通过定义其六维度分类属性并注册在知识库中成为知识应用组件。知识应用组件可以在其内部的设计平台中被集成与应用。知识应用组件进一步被封装并发布为可提供在互联网上进行知识服务后成为知识服务组件。知识服务组件可以被外部的设计主体集成。知识应用组件与知识服务组件的区别是知识应用组件只是为在设计主体内部被集成。其封闭规范可以由设计主体来制定。而知识服务组件是可以用来被设计主体之外的知识服务请求方集成应用。其封闭规范需要是被分布式资源环境普遍接受的。

4. 分布式资源环境中的知识服务模式

在分布式设计资源环境中，资源单元通过建立并发布知识服务组件来实现知识服务。可以说知识服务组件是对在分布式资源环境中进行知识服务的知识的统一描述方式。

知识服务组件是由知识拥有者拥有并发布的能够提供知识服务的软件或程序。知识服务组件的典型特点是通过明确的输入返回明确的输出来完成服务。知识服务组件被应用于提供知识服务。

知识服务组件的构建可基于 web service 技术完成。Web Services 使用基于 XML 的消息处理作为基本的接口描述和数据通信方式，采用 W3C 组织制定的开放性标准和规范，对服务的实现与使用进行高度的抽象，以消除因使用不同组件模型、操作系统和编程语言而产生的系统差异，是一种实现数据和系统的互操作性的有效的解决方案。资源单元将知识服务部署在 Web 服务器上,通过使用 Web Services 描述语言(WSDL)及其他计算机语言编写的数字化知识与服务实现代码来描述将提供的知识服务的功能。服务请求者使用 API 向服务器请求他所需要的知识服务,确认后与特定知识服务组件绑定并实现服务。

正如本章第二节所述,如何使设计主体可以快速寻找到合适的设计知识服务及资源单元如何将它能够提供的知识服务同时向众多的设计主体发布是分布式资源环境下设计知识服务实现的一个重要问题。解决这个问题的方案是在分布式资源环境中引入"设计资源中介平台"。该中介平台能够提供两个功能:一是资源单元可以将其知识服务在该中介平台上注册与发布;二是设计主体可以利用该平台快速搜索并选择需要的知识服务。当然为实现这两个主要的功能,该中介平台首先必须具有动态地管理各类知识服务的功能。基于六维度的设计知识服务分类体系正是实现动态管理各类知识服务的基础。基于此分类体系可以开发出相应的知识服务管理数据库系统。基于该数据库系统可以容易地实现上述两个功能的应用开发。

本节最后以计算流体力学(CFD)专家知识服务为例,给出该类专家知识的分类、知识服务模式及软件系统的实现。

1) 示例:CFD 专家知识服务系统

首先说明的是:分类体系不是固定的,而是自组织的。在使用的过程中通过资源单元服务的注册不断地被增加、完善。本例子只给出初始的分类。

按照产品设计知识服务的六维度分类体系,首先建立 CFD 领域专家知识的分类体系,建立支持专家知识服务中介平台。然后,给出专家知识服务模式。最后描述专家知识服务组件的实现及具体的服务示范。

2) CFD 领域专家知识服务的分类

CFD 专家知识服务的学科维分类。该类专家知识服务是基于 CFD 方面的专家知识,按学科维分类中流体力学学科分类。根据国家标准《学科分类与代码》(GB/T 13745-92),流体力学下属 16 个分支如下:① 水动力学;② 气体动力学;③ 空气动力学;④ 悬浮体动力学;⑤ 湍流理论;⑥ 黏性流体力学;⑦ 多相流体力学;⑧ 渗流力学;⑨ 物理—化学流体力学;⑩ 等离子体动力学;⑪ 电磁流体力学;⑫ 非牛顿流体力学;⑬ 流体机械流体力学;⑭ 旋转与分层流体力学;⑮辐射流体力学;⑯ 环境流体力学。

按 CFD 在具体学科分支中的研究方法、解算模型以及模型的应用例子又可进一步细化,下面我们以多相流流体力学为例进行具体描述。目前对多相流的CFD 研究方法有欧拉-拉格朗日方法和欧拉-欧拉方法。在欧拉-拉格朗日方法中,流体相视为连续相,并且求解 N-S 方程,而离散相是通过计算流场中的大量粒子的运动得到的。欧拉-拉格朗日方法对应的计算模型为离散相模型。在欧拉-欧拉方法中,不同的相被处理成相互贯穿的连续介质,其适用的模型有VOF(Volume Of Fluid)模型、混合物(Mixture)模型和欧拉(Eulerian)模型。其中 VOF 模型的应用例子包括又分为层流、自由面流动、灌注、晃动、液体中大气泡的流动、水坝决堤时的水流以及求得任意液—气分层界面的稳态或瞬时分界面。混合物模型可用于两相流或多相流(流体或颗粒),应用例子包括低负载的粒子负载流、气泡流、沉降和旋风分离器。欧拉模型的应用包括气泡柱、上浮、颗粒悬浮和流化床。

3) CFD 专家知识服务的产品维分类

计算流体力学作为一个比较成熟的学科,已经能够广泛应用于多个工业领域,例如航空航天、汽车、能源动力、机械设计等。各种工业产品的设计与开发都会涉及 CFD 的知识,设计者在设计过程中不可避免地会遇到需要 CFD 方面的专业问题,所以对 CFD 专家知识的咨询成为多数现代产品设计过程中不可或缺的一个环节。根据 CFD 知识能够涉及的行业,可以对 CFD 相关专家知识首先按行业进行分类。行业分类标准采用《上市公司行业分类指引》。例如《指引》中C 类代表制造业,我们下面提到的水压机这类产品就可以归纳到 C 类制造业这个行业中去。根据行业涉及的产品,可以进一步对 CFD 相关专家知识按产品进行分类,然后再根据 CFD 对同一产品的不同子系统或构件的应用,又可以进行细分。例如水压机一般由四部分组成:钢管传送装置、水路系统、油路系统和控制系统,CFD 所涉及的包括水路系统和油路系统,而这些系统之下又分为很多小的子系统,充水系统就是水路系统下的一个子系统,而充水系统又是由低压安全溢流阀、气罐、水罐、低压最低水位阀和充液阀等构件组成的。这样,就可以将CFD 专家知识的应用从产品所属行业具体到产品的构件层面,完成产品维的CFD 专家知识服务分类。

4) CFD 专家知识服务的资源单元维分类

资源单元是知识资源实体和知识服务的集合体。知识资源实体是指所有能够提供知识服务的实体单元(包括个人或者机构),在这里专家或专家所属的机构就构成了提供智力服务的资源单元。按资源单元维分类就是按提供服务的专家或者提供服务的机构进行分类。最终节点为专家或机构。资源单元分两类:专家与机构;专家按自然人进行分类,机构就是机构名称。

5) CFD 专家知识服务的设计流程维分类

专家知识在应用流程维的分类主要按照知识被应用的流程来分。任何一个设计过程都是按照一定的设计流程来进行的。这里可以按专家知识可能用于的设计阶段的流程作如下初始分类:

① 需求分析流程;② 概念设计流程;③ 详细设计流程;④ 加工制造流程;⑤ 使用维护流程;⑥ 其他流程。

6) CFD 专家知识服务的表达形式维分类

专家知识是隐性知识,存在于人的头脑中,其表达形式就是专家知识。本例所针对的是 CFD 专家知识的分类,故在表达形式维这一分类维中就特指专家知识。

7) CFD 专家设计知识服务的设计域维分类

根据前面的产品设计知识分类和具体的专家知识,加入专家知识设计域维这种分类方式,以便专家知识资源的搜索和管理。执照六维度分类体系,可以初步建立其分类包括用户域、功能域、物理域和过程域供专家服务注册时选择。

5. CFD 专家知识服务模型

设计是基于知识的设计,其中专家知识(无法结构化描述的知识)是重要的一类设计知识。在现代的产品设计过程中,设计者自身的知识储备已经不能应付所有的设计需求,因而专业领域的专家知识就显得尤其重要。常规设计中碰到需要专家解决的问题时,设计师采用的方法是设计师多方寻找相关专家咨询甚至异地调研,时间与经济成本(或人情成本)很高。导致问题解决成本高的原因是设计师寻找合适的专家困难,一是局限于设计师本人圈内寻找,而问题常常出在非设计师本人熟悉的专业领域。二是设计师面对许多有相同领域经验的专家,会由于信息不充分,存在确定最合适专家的困难。三是相关专家可能在异地,带来充分了解与解决此问题的时间成本与空间成本的加大。考虑专家知识在设计过程中作用的重要,需要一种能够在互联网上提供远程专家知识服务的知识服务模型。为此可以设计一个专家知识服务模型，以解决如下的需求：

（1）设计师如何快速找到外部合适的专家知识资源。

（2）设计师如何提出服务要求。

（3）专家如何完成知识服务。

（4）专家知识服务发生纠纷如何解决。

（5）服务费用如何支付与结算。

在专家知识服务模型中有如下四个相关角色：设计主体（设计师）、服务专家、仲裁专家和专家知识服务中介平台。设计主体是专家知识服务请求方。设计师在产品设计中遇到问题，寻找专家，提出问题，接收专家给出的服务并对专家知识服务是否令人满意进行评判，最后设计师也是服务费用的支付者。服务专家是知识服务提供者。服务专家要发布自己的服务信息，对设计主体提出的问题（服务请求）进行解答（知识服务）并获得设计师支付的服务费用。仲裁专家是对专家知识服务的专业评判者。仲裁专家负责对熟悉的专业技术范围内服务的矛盾与分歧进行仲裁。仲裁专家提供的也是收费服务，对仲裁的公正与科学负责。专家知识服务中介方负责专家知识服务的管理（包括专家资格的审查）、设计师提的服务需求与专家服务的匹配，以及仲裁服务请求与仲裁专家的匹配。另外，中介方在整个服务的费用支付过程中提供中间账户，保证费用支付的安全性和便利性。

根据上述思路形成的专家知识服务模型如图 5-4 所示。

图中"设计中的问题"是指设计者在产品设计与技术开发过程中碰到或发现的需要专家经验来解决的问题。

"专家知识搜索"是指设计师根据问题来寻找合适的专家。

"选择专家"是指设计师对搜索到的专家（可能多个），根据专家的相关信息（如背景、专业、案例、承诺等）来选择最适合解决问题的专家。

"提出问题"是指设计师将对相关专家咨询的问题提供给中介方，同时在这个过程中将服务费用由设计师账户转入中介方账户。

"中介方进行专家匹配"是指中介平台根据设计师选择与相应专家完成服务的承诺，自动建立专家知识服务。

"专家回答"是专家根据设计主体提出的问题，向设计主体做出解答，即提供专家知识服务。

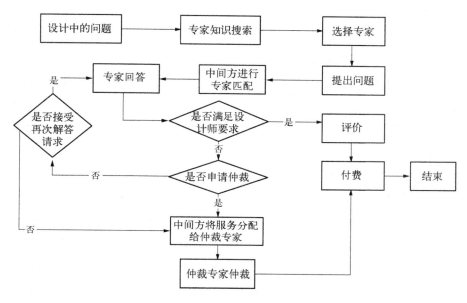

图 5-4　专家知识服务模型

"是否满足设计师要求"是指设计师收到专家给出的答案后,检查专家服务是否满足自己的要求。如果满足要求,进入"服务评价";如果不是,进入"是否申请仲裁"。

"评价"是指设计师对专家服务的满意程度进行评价(该项是可以选择的)。

"付费"是设计师在对服务满意后,决定支付服务费用。这时,先前已经由设计师账户转移到中介账户的服务费用,按中介协定自动转移到服务专家的账户,从而完成整个服务。

"是否申请仲裁"是设计师对专家给出的答案不满意时做出的选择,此时设计师有两个选择,即申请对服务进行仲裁和要求专家继续回答(可以约定最多的次数,达到该次数自动转为仲裁)。

"是否接受再次解答请求"是设计师并没有选择申请仲裁,请专家继续回答;但此时专家也可选择不再继续回答,将服务提交仲裁。如果专家决定继续进行解答,则再次进入"专家回答"环节。

"中介方将服务分配给仲裁专家"是在有仲裁请求的情况下,由中介方根据双方在服务前已同意的服务规则,自动将仲裁服务匹配给合适的仲裁专家进行仲裁。

"仲裁专家仲裁"即仲裁专家接收到仲裁请求,在了解了整个服务过程后根据自己的经验和专业领域知识,做出仲裁判决,仲裁结果将决定中介账户上的服务费用的流向(退回还是支付)。

按照上述专家知识服务模型进行专家知识服务的过程可以描述如下:首先设计师带着自己的问题在专家服务中介平台上进行专家的搜索,然后在搜索到的专家中根据自己的需要选择最适合的专家提供服务。为了让指定的专家为自己服务,在选择专家后,设计师要将相应数额的服务费用从自己的账户中转移到中介方账户,为服务提供保障。之后设计师就可以向专家提出自己的问题,问题通过中介方自动提交给专家。专家做出解答,通过中介方转交给设计师。设计师收到专家给出的答案,如果答案经检查认为可以接受,则对此次服务进行确认付费。服务费由中介账户按约定转移到服务专家账户,本次服务也就结束。如果设计师对专家给出的答案不满意,有两种选择,一种是将问题再次返回给专家,直至给出满足设计师要求的答案;另一种是选择对此次服务进行仲裁,即将整个服务过程提交给仲裁专家,仲裁专家根据服务内容决定设计师是否应该向服务专家支付这次服务的费用。仲裁专家将仲裁结果提交后,存放在中介账户的服务费用将按照仲裁结果流向设计师账户或专家账户。当然,如果服务专家觉得自己给出的答案已经解决了设计师的问题,而设计师却又将问题返回给专家要求继续解答,专家也可以选择将服务进行仲裁。

以上就是专家知识服务模型运作的整个流程,从中可以看到,如果这个服务过程可以实现,则前面对专家知识服务所提出的需求都一一得到了满足。

以上述专家知识服务分类体系与知识服务模式为基础,基于计算机互联网技术设计并实现专家知识服务中介平台。该服务中介平台的开发采用Microsoft. net 开发环境,SQL Server 2000 作为数据库。在该专家知识服务系统中,用户包括了分布资源环境中的三种类型:服务请求方(设计主体)、服务提供方(资源单元,包括提供知识服务和提供仲裁服务)和服务管理员(服务中介方)。管理员对于这个系统起到中介方作用。系统中服务请求方和服务提供方的功能如图 5-5 所示。

对于服务请求方而言,其可以使用的功能为服务注册、服务搜索、服务请求、需求发布、提交需求、接受服务、提出仲裁请求、费用支付、信息维护中的个人信息和密码修改功能。当专家通过服务注册功能注册了相关专家服务(一个专家

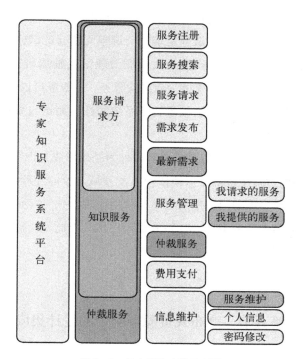

图 5-5　用户系统功能示意图

可注册多个专家服务)并且通过管理员审核后,用户的身份将变成服务提供方(提供知识服务或者提供仲裁服务或者两者皆有),此时可以接受别人的服务请求并且提供相关服务。

　　需要说明的是在产品设计过程中所涉及的知识不仅仅是专家知识,还包括大量的计算机软件程序提供的知识服务(包括专利库、标准库、文献库等)、硬件仪器设备提供的知识服务以及专家与程序或硬件结合提供的知识服务。这些服务都可以通过类似的模式组织起来共同形成分布式知识资源环境中的知识服务。下面对这些服务作简要的描述。

　　软件知识服务就是基于资源单元自行开发的工程分析程序、计算软件,以及基于商用软件形成的知识服务。目前典型的商用软件包括诸如 Unigraphic、Pro/E、Catia、Solidworks 等 CAD 软件,Ansys、Nastran、Adams、Fluent 等 CAE 软件,Matlab、Mathmatics 等科学计算软件以及其他如 Isight、FIPER 等优化与集成软件等。商用设计分析软件能够帮助设计者解决某些产品设计和分析问题,但是某些特殊问题还是通过自编软件或者是经验丰富的领域专家或者工程师来解决。如上述例子就是商用软件结合专家知识进行的知识服务。

基于硬件设备提供的知识服务是基于资源单元拥有的试验台、仪器设备为基础形成的知识服务,例如西安交通大学润滑理论及轴承研究所提供的轴颈Φ50 和 Φ200 的转子—轴承系统试验台试验服务。该服务可以远程进行转子动力学试验、振动测试与信号分析、轴承转子系统的性能测试与参数识别、故障模拟诊断等内容的服务。

同时也要注意,即使主要以软件或者硬件为基础形成知识服务,在知识服务构建、提供服务的过程中也都深深地依赖人类领域专家的经验和知识。一方面软件和硬件是领域专家智力活动的结晶和物质体现,另一方面操作和使用软件和硬件也需要领域专家的指导、帮助、分析和评估。因此,混合型的知识服务是重要的一类知识服务。

第五节　分布式资源环境中的设计集成

设计是基于知识的设计。如前所述,知识包括显性的知识与隐藏于人脑中的隐性知识。设计是为满足用户需求而展开的知识流动与应用过程。这个过程中需要不断地对知识的应用效果进行优化与确认。

在分布式设计资源环境下,设计主体组织分布式的设计资源单元共同来进行产品设计,必须直接面对知识集成的问题。在分布式的知识资源环境中,知识服务的发布与应用更多的是(或鼓励)通过互联网进行。这是与传统的设计在形式上最大的不同之处。这对知识的集成提出了挑战。建立基于互联网的设计知识集成模型是成功实现通过互联网进行知识服务集成的基础。这一节所讨论的知识集成及其结构化模型便是以此为出发点。

从工作流层面看,设计主体完成设计工作是通过组织资源单元提供的知识服务完成的。设计工作由一系列的设计活动组成。所有的设计活动组成了一个设计集成过程。

知识集成是在设计过程中进行的。知识集成包含在设计的活动中。对设计中的知识集成进行结构化分析,对设计过程进行面向知识集成的结构化建模,形成设计主体集成设计模型,有助于设计主体控制设计中的知识流动,有效地支持设计主体在分布式资源环境中展开集成设计。下面以实现基于互联网的知识集成为目的，描述设计主体集成设计过程的结构化模型。

1. 设计主体集成设计过程的结构化模型

　　分析设计的过程，会发现设计流程与一般的工作流程的区别在于，从设计的开始，设计工作就是围绕着如何满足特定的设计需求展开的。产品最初的用户需求可以看作是用户对效用（功能）的需求，通过对用户需求的效用的分析，产生出性能需求（包括功能、质量）。性能需求经过一步的分析与细化，最终表现为对知识应用的需求。知识的应用是否可以更好地满足需求，需要优选与确认。在设计过程中，始终伴随着设计的优选（化）与确认。设计优选与确认可以看作是对设计的价值分析，有价值的设计将被继续，而无价值的设计将被终止。设计的价值常常包括性价比（单位的价格可以获得的效用）。

　　考察设计主体设计过程中的一切活动，可以发现所有设计活动都具有共同的特征：围绕特定的设计需求，组织相关的设计资源，进行设计相关工作；得出设计结果，对设计结果进行价值分析，根据价值分析给出设计决策。设计决策将决定后续的设计活动，或者展开新的设计活动，或者回溯重新进行相关的设计活动。设计活动是在不同的层次上进行，也就是说高一层的设计活动中包含更低一层的设计活动。特定的一个设计过程也可以看作是一个设计活动。

　　设计主体的设计活动（包括过程）通过现代设计流程来结构化表示。ISO9000（2000）的流程 process 的定义：一组将输入转化为输出的相互关联或相互作用的活动。在此基础上，根据设计活动的共同特征，定义现代设计流程为：为满足一定设计需求，将一系列设计资源输入转化为设计结果输出的由相互关联或相互作用的一系列设计活动组成的设计活动序列结构（后文提及的设计流程都是指现代设计流程）。现代设计流程模型与传统意义上讲的设计流程模型的区别是，现代设计流程以实现基于网络技术的知识集成为目的，其包含的设计活动都具有结构化的需求、设计资源、价值及设计输出。任何一个设计流程都是为了满足特定的设计需求，由具有一定设计价值的知识应用活动组成。

　　根据现代设计流程的定义，一个现代设计流程通过如下六个要素来结构化表达。这六个要素为：设计需求、设计资源输入、设计结果输出、设计子活动、设计子活动的相互作用、价值（价值决策）。结构化模型如图 5-6 所示。六要素的定义分别如下：

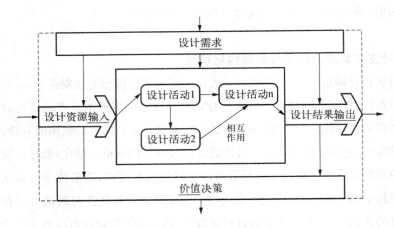

图 5 - 6　现代设计流程模型

（1）设计需求：描述一个完整的设计需求。设计需求来自用户需求，通过性能需求与约束需要来定义。性能通过功能、质量来描述。设计需求确定后，作为依据来定义设计资源输入、设计结果输出与价值决策的依据。

（2）设计输入：定义该设计流程完成需要的各种设计知识资源与其他输入（如文档、数据等）。设计知识资源通过提供知识服务的资源单元属性来表示，其他输入通过自定义的数据格式来表示。

（3）输出：定义该设计流程的设计结果输出。输出的结果通过自定义的各种数据格式来表示。

（4）价值决策：定义该设计流程输出结果满足设计需求的价值决策集。该属性为设计流程中的决策结点提供决策依据。一个设计流程中常常需要决策，通过决策来决定流程的下一步流向。价值决策集由表示功能、质量及约束（如成本、可靠性等）满足程度的一系列指标集组成。

（5）设计子活动：定义该流程中包括的一个或多个设计活动。每一个设计活动同样也可以看作是一个设计流程，在下一层次通过六个要素来定义。

从知识流动的角度看，一个基本的设计活动（对设计主体来说不可以再分的设计活动）可以看作是一个面向基本设计需求、由一个知识组件来完成的知识应用（或服务）。根据图 5 - 6 所示的设计流程模型，建立一个基本设计活动的如图 5 - 7 所示的设计知识流模型。这个基本设计活动模型同样可以封装为一个组件,称为设计组件。可以推广到更一般意义上讲,任何一个层次上的设计流程都可以封装为设计组件。设计组件是供设计中进行集成基本单元。

图5-7所示模型中,如果知识组件是资源单元已发布的知识服务组件(其输入与输出已确定),那么由设计主体来完成设计输入到知识组件输入的流动定义、知识组件输出到设计输出的流动定义。如果该模型中知识组件是未知的,需要资源单元提供服务,那么由在分布资源环境中选定的设计资源单元根据设计输入与设计输出来完成其提供给设计主体的知识服务组件的输入与输出的定义与发布。设计主体通过价值决策来确认或优选相应的知识服务组件提供的知识服务。可以得出设计主体发布的设计知识服务需求的结构模型,如图5-8所示。

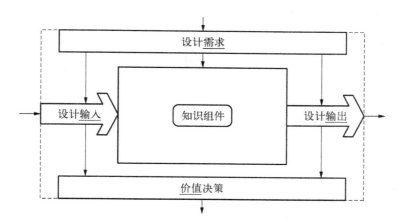

图5-7　基本的设计活动知识流模型

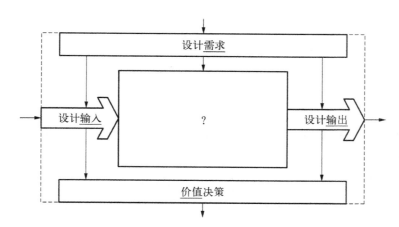

图5-8　设计知识需求模型

如何通过图 5-8 所示模型驱动得到需要的知识? 图 5-9 表述了知识获取的过程。这里假设这个过程可以通过开发一个知识组件来支持完成。这类知识组件称为知识获取组件。如图 5-10 所示为一个基本的设计知识获取知识流模型。根据此模型可以开发出支持设计知识获取的设计组件。通过这一设计组件的支持来完成设计中的知识获取活动。

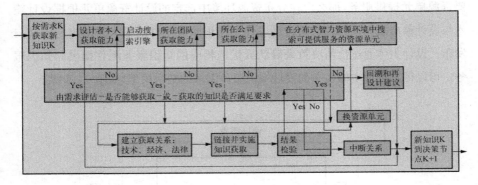

图 5-9　设计知识获取过程图

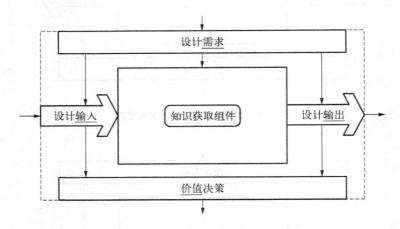

图 5-10　设计知识获取知识流模型

类似地,可以根据设计过程中的设计活动,提出诸如用户需求分析的设计知识流模型(如图 5-11 所示)、概念设计知识流模型(如图 5-12 所示)、详细设计知识流模型(如图 5-13 所示)、价值决策知识流模型(如图 5-14 所示)等。可以发现这些模型结构基本相同,它们都是基于基本的设计活动知识流模型来定义的。

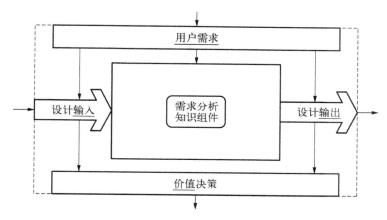

图 5 - 11 用户需求知识流模型

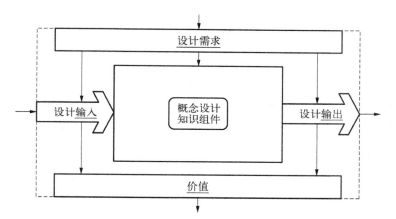

图 5 - 12 概念设计知识流模型

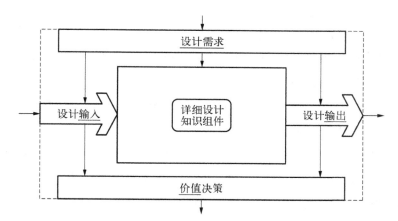

图 5 - 13 详细设计知识流模型

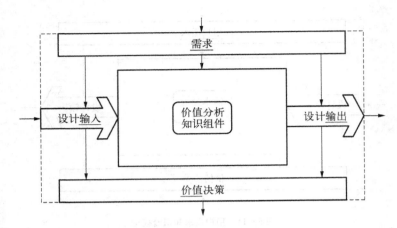

图 5 - 14   价值决策知识流模型

价值决策知识流模型主要支持设计中的决策活动。设计决策包括评估、优选、确认等。价值决策围绕设计需求的满足程度通过价值分析来完成。

设计活动相互关系：定义流程中不同设计活动的关系。这些关系包括时序的关系、逻辑的关系、输出与输入的关系等。在设计主体中不可以再分解的设计活动称为基本设计活动。从这个意义上来说，设计活动相互关系的定义本质上是定义知识组件间的知识流动。设计活动相互关系将决定知识的流动。设计活动间的知识流动可以通过不同设计组件间输入与输出的映射完成。

2. 现代设计流程的特征

和企业的业务流程不同之处，基于网络技术的设计活动的不确定性与风险性决定了设计流程有如下的特征：

设计流程的自组织性与动态性。设计流程的自组织性体现在设计流程不是由某个人全部能够完成的，某个人只能完成他自己所承担的设计活动的流程。其子设计活动中的设计流程由负责该设计活动的设计师完成。只有所有参加该设计的所有设计主体与资源单元都完成了其承担的设计流程的定义后整个设计流程才完成。设计流程除了有时间上的动态性，随着设计时间的推移，设计流程逐渐地被完成。设计流程还有结构上的动态性，不是固化的流程。设计流程是在设计过程中根据设计需要的变化不断细化、修改、完善。

设计流程的层次性。组成设计流程的设计活动本身又可以是一个设计流程。设计流程是一个嵌套的概念。设计流程中的活动可以看作设计子流程,可以根据设计的进程继续分解。

设计流程是设计知识流动的管道。如果将设计过程看作是设计知识流动的过程。那么设计流程将决定设计知识在何时、以何种形式进入设计中。

设计流程中知识获取活动是设计流程的核心活动。知识获取活动通过定义知识获取流程来建立。定义好的知识获取流程并通过开发一个知识获取组件来使用或重用。

设计流程中知识流动的可定义性。设计流程中知识流动的可定义性体现在如下两方面:一是可以根据设计过程的需要定义设计活动间的串联、并联、反馈、循环、嵌套等关系。二是通过灵活定义设计活动间的输入与输出关系来实现知识的流动。

设计流程是需求驱动的。设计流程的构建以设计主体的组织结构与分布式设计资源单元为环境,并按照设计需求来进行规划。

设计流程包括价值决策。价值决策通过设计需求的满足标准来决策下一步的设计活动:是重新进行新知识的获取还是进入到下一个设计活动。价值决策还包括设计的竞争性判断。

设计流程中可能包含一些知识重用的设计活动。知识重用通过设计主体将已有的设计知识组件集成到设计流程中来完成。

设计知识资源环境是设计流程实现的基础。设计的知识资源包括企业内的设计资源(结构化为设计知识应用组件)与企业外分布的知识资源(结构化为设计知识服务组件)。从这个意义上讲,设计知识资源是设计流程的基础。

3. 现代设计流程的建立方法

如果设计中需要进行的需求分析、概念设计以及详细设计中各种设计工作都可以通过"一步接一步"的描述来表达,结构化就可以通过现代设计流程的定义方法来实现,即定义出"一步接一步"的设计流程。通过对这样的设计流程发布为设计组件供用户使用。用户使用时,可以自定义设计组件中知识组件及知识流动。现在已有的各种设计方法可以这样变为设计组件发布供设计主体使用,现有的各种设计工具软件也可以封装为知识组件提供设计知识应用或服务。

通过建立现代设计流程使设计过程结构化将带来如下好处:① 让设计过

程更规范,设计团队合作中的任务易于分解与控制;② 保证设计方法中关键步骤与环节不被遗忘;③ 结构化的方法便于实现设计过程中知识流动的定义;④ 形成的设计组件可以作为设计知识应用组件或服务组件被管理、重用或提供知识服务。

通俗地讲,定义设计流程就是将一个设计过程中相关的任务进行分解并定义其中的知识流动。通过设计流程的定义可以明确地将设计过程结构化为:什么设计任务由什么人在什么时间利用什么设计知识资源完成的结构化过程模型。

设计主体进行设计流程的定义一般包括如下的步骤:

(1) 总设计师定义总体设计流程的六要素。定义尽可能完善,不可避免是初始定义一定是粗略的,随着流程的进行这些要素被逐渐完善起来。

(2) 根据已定义的设计流程六要素,绘制设计流程结构图,或者在计算机支持软件中定义出相应的总设计流程及流程表单。流程表单包括了该设计流程中关注的信息、数据及附件。流程表单会随着流程进行流转。

(3) 设计流程中每一个设计活动的承担者(或资源单元)再根据总流程的要求,将自己负责的设计活动分别定义为子设计流程。这样层层细化下去。细化到什么程度根据设计的规模与复杂性而不同,很难有一个标准。基本的原则是要符合如下条件:① 设计活动已经是可以由一个人独立完成的;② 设计任务是在流程要求的基本时间粒度内可以完成的(不同组织对设计流程的控制会有不同的时间粒度如天、周、月等);③ 设计任务已经简单到不必细分,如明确到一个具体的知识服务组件。

(4) 设计流程在进行过程中,会根据设计活动中的价值判断来决策流程的进一步流动方向,甚至会修改已有设计流程。

(5) 任何一个层次上的设计流程完成后,都可以保存为一个设计组件。供以后的流程定义重用或借鉴。

一个典型的设计流程最少包括如下信息:

(1) 设计流程名称:概括该流程规划的设计任务。

(2) 时间维:指出流程中的设计任务完成的时间顺序或逻辑顺序。时间维根据流程的粒度不同具有不同的粒度。

(3) 角色维:表明流程中的任务由谁完成。

（4）设计活动：组成流程的基本单位。每一个设计活动是由具有一定的输入与输出的设计知识组件完成（说明：设计活动描述了设计任务完成的）。

（5）设计流程表单：跟随流程流转的，用以描述与记录流程相关的数据、信息以及相关的附件（各种类型的文件）的结构化表单。

必须要注意到，设计资源结构从垂直向水平转变，会引起设计流程和任务划分方面的变化。在分布式智力资源环境下的设计，相当一部分设计任务是利用外部的设计资源完成的，也就是由智源单元提供的知识服务来完成的。设计资源的分布式存在对设计流程规划、设计知识的搜索与知识获取提出了新的要求。

本节介绍的面向分布式资源环境中设计集成的现代设计活动的结构化模型与现代设计流程的实现和完善，还有赖于集成设计平台与知识服务中介平台的开发。下节描述这样的设计平台软件开发的相关技术。

第六节 分布式资源环境中的计算机应用系统

诚如第一章中关于现代设计与信息技术的论述，计算机技术与网络技术的快速发展和应用是现时代的特征。对于依赖分布式资源环境的现代设计具有特别重要的意义。设计过程基本上是一个信息和知识流动的过程，完全可以在网络上进行。互联网和相关的计算机支持工具是分布式资源环境形成的重要组成部分。可以说计算机技术与网络技术就是现代设计的分布式资源环境形成的基础。

在分布式知识资源环境下的现代设计中，设计主体、分布式知识资源单元与知识资源中介都需要计算机与网络技术的支持才能实现高效而有竞争力的设计。根据分布式设计环境的组成，从知识集成的角度来看现代设计中的知识流动可以具体地包括如下几种类型：设计主体中进行的集成知识流，设计主体与资源单元间进行的知识服务知识流，资源单元与资源中介间进行的服务注册与发布知识流，设计主体与资源中介间进行的知识搜索与连接知识流。相应地，支持分布式资源环境的现代设计需要的计算机软件（系统）应该包括：支持设计主体集成设计的产品现代设计平台软件（MDP）、支持知识资源单元提供知识服务的知识服务构建软件（KSS）和提供分布式资源注册与发布的知识资源中介平台软件(KSP)。

在分布式设计资源环境中,分布的设计知识资源单元通过 KSS 将拥有的知识封装为知识服务组件提供知识服务。知识服务被注册在 KSP 中来发布,供搜索与建立服务。设计主体在 MDP 中建立现代设计流程与知识流动定义进行集成设计。如何利用计算机与网络技术将各种类型的知识封装为知识组件？如何利用计算机与网络技术来构建知识服务中介平台？如何利用计算机与网络技术来构建 MDP？

1. 知识资源单元提供服务的知识服务构建软件(KSS)开发技术

在分布式知识资源环境下,KSS 支持资源单元将其拥有的知识变成知识服务组件并实现服务。本质上来说,也就是要实现在分布式资源环境下可供各个设计主体使用的不同平台都可调用的过程服务。中间件技术是实现这类知识服务构建软件的关键技术。

中间件(Middleware)作为客户机和服务器之间的一个中间层,为应用程序处理提供了如下功能:它一般包含应用逻辑,负责接收客户端的应用请求,对请求做出响应处理后,将请求交给后端服务器,并负责将服务器的处理结果返回给客户端。从中间件的本质和发展的趋势来看,可以总结中间件的特点如下:

(1) 中间件是一类软件,而非一种软件。中间件主要是软件意义上的概念,独立于硬件,同时与操作系统、网络和数据库等软件系统也不同。

(2) 中间件不仅仅实现分布式应用之间的互联,还要实现应用之间的互操作。

(3) 中间件是基于分布式处理的软件,网络通信功能是其突出的特点。

按照通常的分类方法,中间件可分为六类。① 终端仿真/屏幕转换。用以实现客户机图形用户接口与已有的字符接口方式的服务器应用程序之间的互操作;② 数据访问中间件。是为了建立数据应用资源互操作的模式,对异构环境下的数据库实现连接或文件系统实现连接的中间件;③ 远程过程调用中间件。通过远程过程调用机制,程序员编写客户方的应用,需要时可以调用位于远端服务器上的服务;④ 消息中间件。用来屏蔽掉各种平台及协议之间的特性,进行相互通信,实现应用程序之间的协同;⑤ 交易中间件。是在分布、异构环境下提供保证交易完整性和数据完整性的一种交易中间件;⑥ 面向对象中间件。在分布、异构的网络计算环境中，可以将各种分布对象有机地结合在一起，完成系统的快速集成，实现对象重用。

从中间件的工作机制来看，远程的应用需要从网络中的某个地方获取一定的数据或服务，而这些数据或服务可能处于一个运行着不同操作系统和特定查询语言数据库的服务器中。客户/服务器应用中负责寻找数据的部分只需访问一个中间件，由中间件到网络中找到数据源或服务，传输客户请求信息，返回服务回复信息，最后将结果送回应用。在这一过程中，涉及几个关键性的问题，包括消息传送通信协议，服务功能的抽象描述，服务在网络上的发布与调用机制等。

采用 CORBA，ActiveX/DCOM 与 Java/RMI 等技术可以利用自身的消息传送通信协议，服务功能的抽象描述，服务在网络上的发布与发现机制来开发相应的知识服务构建中间件。

采用可扩展标记语言（XML），简单对象访问协议（SOAP），统一描述、发现和集成规范（UDDI）和 Web 服务描述语言（Web Service Definition Language，WSDL）也是解决开发分布的资源单元提供知识服务的中间件的有效途径。

Web 服务是描述一些操作（利用标准化的 XML 消息传递机制可以通过网络访问这些操作）的接口。Web 服务是用标准的、规范的 XML 描述的，称为 Web 服务的服务描述。这一描述囊括了与服务交互需要的全部细节，包括消息格式（详细描述操作）、传输协议和位置。该接口隐藏了实现服务的细节，允许独立于硬件或软件平台和编写服务所用的编程语言，支持基于 Web 服务的应用程序成为松散耦合，面向组件实现。Web 服务履行一项特定的任务或一组任务。Web 服务可以单独或同其他 Web 服务一起用于实现复杂的聚集或商业交易。Web 服务的用户（或者用户程序）可以采用 UDDI 协议，来发现 Web 服务供应商发布的 Web 服务；Web 服务采用 WSDL 语言确定服务的接口定义，抽象描述服务的功能；用基于 SOAP 协议的 XML 文档通过 HTTP、FTP 和 SMTP 等常用通信方式交换数据，传递消息等。将资源单元的知识构建成 Web 服务是定位构建知识服务中间件的很好途径。

Web 服务的优点在于：① 互操作性。由于 SOAP 协议的存在，任何 Web 服务都可以与其他 Web 服务进行交互。这样就避免了在 CORBA、COM/DCOM 和其他协议之间转换的麻烦。② 普遍性。Web 服务支持使用 HTTP 协议和

XML 进行通信。因此,任何支持这些技术的应用和设备都可以拥有与访问 Web 服务。③ 易用性。Web 服务的概念易于理解,任何开发语言都可以用来编写 Web 服务。④ 开放性。COM/DCOM 和 CORBA 是以不同公司和组织支持的协议和标准为基础的,而 Web 服务是建构在四个开放的核心标准和协议,得到了普遍的支持。Web 服务也可以认为是封装成组件并发布到网络上以供远程程序调用的知识服务机制,是用于创建分布式知识服务环境的基本构件。Web 服务是一类软件,独立于硬件,同时与操作系统、网络和数据库等软件系统也不同。利用 Web 服务可以实现分布式应用之间的互联和互操作。Web 服务解决了网络通信的问题。所以 Web 服务技术是中间件理论和应用的发展。中间件发展到 Web 服务的阶段,为资源单元知识服务的建设提供了应用基础和强大的工具。

2. 知识服务中介平台的开发技术

知识服务中介平台的主要功能是知识服务的管理。其子功能主要包括支持设计服务搜索、知识服务注册发布、请求知识服务、提供知识服务与请求服务的对接等。资源单元的知识服务可以在该服务平台上注册、发布为知识服务。设计主体可以在该平台上搜索、选择与获取知识服务。

知识服务中介平台的开发涉及的主要是传统的数据库应用开发技术与应用程序开发技术。开发实现知识服务中介平台可以选用 Microsoft. net 开发平台与 SQL sever 数据库。这里只对作 Microsoft. net 开发平台与 SQL sever 数据库作一简单介绍。

微软的. NET 框架(. NET Framework)是继 ActiveX 技术之后,于 2000 年推出的用于构建新一代 Internet 集成服务平台的最新框架,这种集成服务平台允许各种系统环境下的应用程序通过互联网进行通信和共享数据。

. NET Framework 大致可分为两个部分,分别为通用语言运行环境(Common Language Runtime,CLR)和. NET Framework 类库(如图 5 - 15 所示)。

. NET 框架结构底层是通用语言运行环境 CLR,其作用是负责执行程序,提供内存管理、线程管理、安全管理、异常处理、通用类系统与生命周期监控等核心服务。在 CLR 之上的是. NET Framework 类库,提供许多类与接口,包括

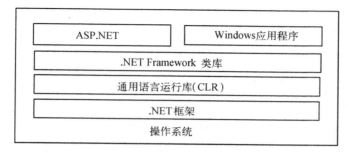

图 5 - 15 Microsoft . NET 框架结构

ADO. NET、XML、IO、网络、调试、安全和多线程。

. NET Framework 类库是以命名空间(Namespace)方式来组织的,命名空间与类库的关系就像文件系统中的目录与文件的关系一样,如用于处理文件的类属于 System. IO 命名空间。

在. NET 框架基础上的应用程序主要包括 ASP. NET 应用程序和 Windows Forms 应用程序。其中 ASP. NET 应用程序又包含 Web Forms 和 Web Services,它们组成了全新的互联网应用程序;而 Windows Forms 是全新的窗口应用程序。

. NET Framework 利用 CLR 解决了各种语言的 Runtime 不可共享的问题,具有跨平台特性。它以中间语言(Intermediate Language,IL)实现程序转换,IL 是介于高级语言和机器语言之间的中间语言,包括对象加载、方法调用、流程控制、逻辑运算等多种基本指令。在. NET Framework 之上,无论采用哪种编程语言编写的程序,都先被编译成 IL,IL 经过再次编译形成机器码,完成 IL 到机器码编译任务的是 JIT(Just In Time)编译器。

对于 ASP. NET 应用程序,使用 IL 和 JIT 技术还能够提高执行效率。当第一次执行 ASP. NET 程序时,先被编译成中间语言代码,再由 JIT 编译器将中间语言代码编译为机器码,并将机器码存放在缓存中,以后再执行该程序时,只要程序没有变化,系统将直接从缓存中读取机器码,从而大大提升效率。

ASP. NET 是对传统 ASP 技术的重大升级和更新,是建立在. NET 框架的公共语言运行库上的编程框架,可用于在服务器上生成功能强大的 Web 应用程序。与以前的 Web 开发模型 ASP 相比,ASP. NET 具有以下突出有优点:

(1) 开发工具支持。ASP. NET 应用程序可用微软公司最新的产品开发工具 Visual Studio. NET 进行开发。Visual Studio. NET 比之前的 Visual Studio 集成开发环境增加了大量工具箱和设计器，来支持 ASP. NET 应用程序的可视化开发，支持所见即所得编辑。使用 Visual Studio. NET 进行 ASP. NET 应用开发，可大大提高程序开发效率，并且简化城的部署和维护工作。

（2）多语言支持。ASP. NET 是语言无关的，即无论使用何种语言编写成，都将被编译为中间语言。所以，设计者可以选择一种自认为最适合的语言来编写程序，或者用多种语言编写程序。目前 ASP. NET 已经支持的语言有 C♯、VB. NET、JScript. NET 等，另外还有一些合作厂商也提供了对开发. NET 应用程序的支持，如 Cobol、Pascal、Perl 和 Smalltalk 等。

（3）高效可管理性。ASP. NET 使用基于文本的、分级的配置系统，使服务器环境和应用程序的设置更加简单。因为配置信息都保存在简单文本中，新的设置无须启动本地的管理员工具就可以实现，成为"Zero Local Administration"。一个 ASP. NET 的应用程序在一台服务器系统的安装只需要简单地拷贝一些必需的文件，而不需要重新启动系统。

基于 Microsoft. net 系统平台，SQL Server 关系型数据库可方便地实现中介平台的知识服务管理。

3. 产品现代设计平台软件（MDP）开发技术

如本章第五节所述，分布资源环境中设计主体进行集成设计的主要是根据设计需求定义各种层次上的设计活动，完成对设计任务的分解、组织设计资源完成设计活动的过程。支持设计活动模型定义的技术是现代设计平台软件开发的关键技术。根据目前的计算机与网络技术，支持设计活动模型定义的技术主要可用 SOA (Service-Oriented Architecture)技术。

设计活动可以层层分解，一个设计活动中可以包括由多个设计活动根据时间与逻辑顺序形成的现代设计流程。设计流程可以封闭成设计组件供集成中重复使用。最基本的设计组件由设计活动要素与知识组件（知识应用组件或知识服务组件）构成。知识组件的建立由前面所述的知识服务支持技术实现。支持现代设计流程建立的工作流技术是另一关键技术。

4. 工作流技术

工作流(Workflow)就是工作流程的计算模型,即将工作流程中的工作如何前后组织在一起的逻辑和规则在计算机中以恰当的模型进行表示并对其实施计算。工作流要解决的主要问题是为实现某个任务目标,在多个参与者之间,按定义的规则自动传递文档、信息或者任务。工作流管理系统(WorkFlow Management System,WFMS)的主要功能是通过计算机技术的支持去定义、执行和管理工作流,协调工作流执行过程中任务之间以及不同成员之间的信息交流。工作流需要依靠工作流管理系统来实现。工作流技术还包括产品数据管理技术(PDM)以及业务流程执行语言(Business Process Execution Language,BPEL)等。

当前工作流中主要使用智能对象来提高过程自动化和动态管理能力。设计过程的知识流动的动态性、不确定给工作流技术的应用提出了新的挑战。如何很好支持设计过程中的知识流动是工作流技术应用到现代设计平台开发中面临的挑战。

实例介绍:

基于工作流技术与组件技术实现的 FIPER 平台介绍。

FIPER 通过组件技术把设计过程、工具、方法、文档、知识库、数据和来自外部的知识服务都封闭成一个个的组件。这些组件可以被动态地集成,形成更高层次上的组件。这些组件使得集成更简单,控制更轻松,同时保留了过程模型修改的灵活性和即插即用的功能。

FIPER 系统在解决集成方面的特点可以概括为三个中心和三个中性。

(1) 三个中心:① 以网络为中心。FIPER 由不同的服务提供者组成,任何服务可以随时加入到系统中,也可以随时撤销,系统能够以可靠的方式对上述行为进行响应。② 以服务为中心。FIPER 中的服务可以动态的连接,在分布式环境中进行协作。③ 以 Web 为中心。用户可以请求使用多个服务,并且可以在不同地方通过 HTTP 门户检查他们提交的任务的状态。

(2) 三个中性:① 位置中性(Location Neutrality)。服务不需要协同定位,它们可以随时随地加入环境中,简化了软件环境的管理。② 协议中性(Protocol Neutrality)。客户和服务提供之间不需要直接的通信,他们通过服务代理进行通信,服务代理能够使用任何协议,客户不必知道使用什么样的协议以及服务提供者的所在地。③ 执行中性(Implementation Neutrality)。客户使用 FIPER 提供的服务,不需要知道服务使用什么样的语言以及服务是如何执行的。

FIPER 遵循 J2EE 国际标准的多层体系结构,具有极强的扩展性,其多层体系架构如图 5-16 所示。

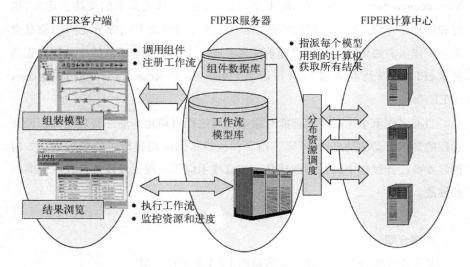

图 5-16   FIPER 架构

上述所介绍的技术都为实现支持设计主体集成设计的产品现代设计平台软件(MDP)、支持知识资源单元提供知识服务的知识服务构建软件(KSS)和提供分布式资源注册与发布的知识资源中介平台软件(KSP)提供了必要的计算机与网络技术的支持。但是,除了知识资源中介平台软件(KSP)的开发已通过实践证明可以完全实现外,MDP 与 KSS 的实现还在研究开发阶段。

最后需要说明的是,计算机与网络只是现代设计所依赖的"路"。它从空间与时间方面提高我们使用已有知识(服务)与获取新知识(服务)的效率与质量,提高设计的竞争力。但它依然是人使用的工具,不可能代替人在设计中的创造性作用。

参考文献

[1] 谢友柏.现代设计理论和方法的研究[J].机械工程学报,2004,40(4):1-9.

［2］谢友柏.产品的性能特征与现代设计［J］.中国机械工程,2000,11(1－2)：26－32.

［3］Suh N P. 公理设计［M］.谢友柏等译.北京：机械工业出版社,2004.

［4］谢友柏.现代设计与知识获取.中国机械工程,1996,7(6)：36－41.

［5］谢友柏.分布式设计知识资源的建设和运用［J］.中国机械工程,1998,9(2),16－18.

［6］戴旭东,谢友柏.集成分布式知识资源的企业技术研发平台构建.制造业自动化,2006,82：22－25.

［7］戴旭东,刘刚,钟志勇,谢友柏.产品现代设计平台构建方法的研究.机械设计,2006,23：36－38.

［8］戴旭东,谢友柏等.产品设计知识管理系统架构与实现研究.机械设计,2007,23：36－38.

［9］戴旭东,谢友柏.产品性能特征建模和以性能特征驱动的产品现代设计模式.计算机工程与应用,2003,39(1)：43－46.

［10］马雪芬,戴旭东.支持产品现代设计的六维度设计知识分类体系与知识建模研究.机械设计与制造,2010,9：239－241.

［11］Xudong Dai,Xuefen Ma,Youbai Xie。Design Activity Modeling in Distributed Knowledge Resource Environment. Journal of Advanced Manufacturing Systems. Will be published in 2011.

［12］Xudong Dai,Xuefen Ma,Modern Product Design Platform in Distributed Resource Environment. Advanced Materials Research. 2010,118 ()：795－799.

［13］Xuefen Ma,Xudong Dai. Research on the Six-Dimension Knowledge Classification System and Model for Modern Product Design. Advanced Materials Research Vols. 118－120 (2010),pp. 576－580.

［14］Xudong Dai,Xianghui Meng,Zhang Zhinan Youbai XIE. Product Modern Design Platform to support product development in distributed resource environment. 9th Biennial ASME Conference on Engineering Systems Design and Analysis,July 7－9,2008,Haifa,ISRAEL.

［15］http：//baike. baidu. com/view/15181. htm （苹果公司）.

[16] http：//baike. baidu. com/view/62334. htm 　（波音公司）.

[17] http：//baike. baidu. com/view/39368. htm♯5 　（空客公司）.

[18] http：//baike. baidu. com/view/4921776. htm 　（AVL 公司）.

[19] http：//www. chinamoderndesign. com/（现代设计与产品研究开发网络）.

[20] http：//www. auyenet. com/（奥依知识服务网络）.

设计创新案例

一、基于 Fun Theory 的旧电池回收箱创新设计

1. 需求背景

我们日常所用的普通干电池,主要有酸性锌锰电池和碱性锌锰电池两类,它们都含有汞、锰、镉、铅、锌等各种金属物质。我们用过的电池被遗弃后,电池的外壳会慢慢腐蚀,其中的重金属物质会逐渐渗入水体和土壤,造成污染。重金属污染的最大特点是它在自然界中不能降解,只能通过净化作用将污染消除。有关资料显示:一节电池产生的有害物质能污染 60 万升水,等于一个人一生的饮水量;一节烂在地里的一号电池能吞噬一平方米土地,并可造成永久性公害。

虽然有一些回收渠道,但是我国废旧电池回收利用的现状不容乐观。目前,我国的电池生产企业有 350 多家,每年各类电池的年生产量约 150 亿~160 亿只,国内消费量为 70 亿只左右,并且这个数据每年以 10% 左右的速度在增长,但回收力度却不足 2%。分析表明,有以下三个主要原因。

1) 对废旧电池回收利用的关注度低

由于宣传教育力度不够,居民对于废旧电池的危害缺乏认识,环保意识淡薄,不能积极主动地参与废旧电池回收处理。人们在购买电池时也并不考虑其是否符合环保标准。很多设置的废旧电池回收箱被当作垃圾箱,形同虚设。

2) 相关法律制度不健全

虽然公众已经开始关注环保问题,但是截至目前,我国仍然缺乏针对废旧电池回收的具体措施,尚未有切实有效的法律法规出台,生产者、使用者和管理者之间各自应承担的责任仍不明确。

3) 处理技术要求高、利润低、难以形成规模经济

各种经济因素制约着废旧电池处理产业的发展。废旧电池处理回报率低、处理技术要求高、利润回报周期长的特性导致了很难吸引投资者,所以也就很难形成产业化的规模。1997 年北京刚开始回收旧电池时,曾有七八家企业进入废旧电池处理行业,但后来都退出了。全国第一个最大和专业的废旧回收处理企业,目前因为种种原因面临着停产危机。

此外,低回收率也直接限制了处理规模的扩大和处理技术的提高,严重阻碍了废旧干电池回收利用的产业化进程,很多耗巨资建成的处理中心,因回收不到足够的废旧电池,面临停运的尴尬窘境。一些不正规的小企业由于缺乏必要的技术支持和处理设备,不但很难有效回收利用,反而还会造成更为严重的二次污染。

废电池回收在全世界都是一个重要话题,很多国家对此都有不少成功的经验。我们立足于最基本的方面,同时受到德国大众汽车 The Fun Theory 的启发,设计了一款新型废旧电池回收箱。初步设想是:该回收箱能在用户投入电池时,给用户带来一些快乐,例如,可以播放一首音乐,讲一个笑话,甚至可以驱动电动幼儿玩具(如摇摇马)等。在本设计中,由于时间和成本的关系,仅通过灯光、声音等形式来模拟能给用户带来快乐的音乐、笑话等。

2. 概念设计

为了使投入废旧电池变得有趣,新型的回收箱安装有照明和发声装置。人们向箱体投入电池后,箱体的照明装置会产生闪烁的灯光效果,此时若按下箱体上的开关,箱体则可以为附近的人们播放音乐。到达设定时间后,回收箱的灯光和音乐效果自动停止,直至再次有电池投入。图 1 为上述电池回收箱的主要功能结构。

根据图 1,为每个功能选择可能的解决方案,编写解决方案见表 1。在本课程的实验中,我们选取光电二极管、LED 灯、扬声器和箱体作为废旧电池回收箱

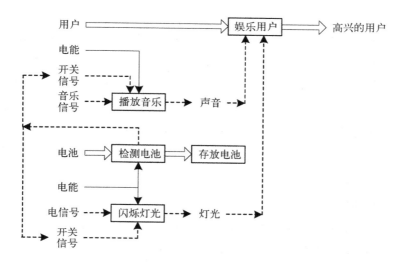

图 1 功 能 结 构

表 1 解 决 方 案

方 案 \ 功 能	检 测	照 明	播放音乐	存 放
1	光电二极管	LED灯	扬声器	箱体
2	限位开关	霓虹灯		

的解决方案。

光电二极管和发光二极管对置安装在回收箱的投入口内侧,用以检测是否有电池投入的功能,同时向照明和播放音乐模块发出信号。当人们投入电池时,投入口的挡板被推开向内旋转,遮挡在光电二极管与发光二极管之间,光电二极管不产生电流。投入电池后,挡板在弹簧作用下复位,发光二极管的光线照射到光电二极管使其产生电流。

LED灯布置灵活,功率较小,用以实现照明功能。照明电路的通断由光电二极管控制。

播放音乐模块使用扬声器,电路的通断由光电二极管和音乐开关控制。

箱体具有引导电池进入的通道和工作人员用于取出电池的门。

3. 人员分工

从小组确定到最终作品完成,废旧电池回收箱的方案实现总共有三个主要部分。

首先是小组方案讨论过程。在这个过程中,我们具体讨论了整个电池回收箱的各个细节的设计及实现方法。在这个过程中,全体组员都在发挥自己的专业特点,对电池回收箱的设计提出了自己的想法。例如王笛和楼茜蓉同学主要对回收箱的外观提出了自己的想法,设计了如何才能使回收箱更加引人注意,以达到令人关注的效果。而周凌清和陆源同学则对回收箱内各个结构如何实现提出了很多具体的意见,包括总电路的控制及音乐开关的设计。高官涛同学则更加注意电池回收箱的异物排出功能,并对此提出了很多设计方案,但是由于方案实现过程中难度较大,异物排出功能没有最终实现。

接下来是材料购买和基本制作过程。这个过程开始之初我们分为 3 个小组,分别是楼茜蓉和王笛、高官涛和陆源、苏航和周凌清。3 个小组分别寻找和购买电池回收箱所需要的材料,在材料购买到后用一节课时间就完成了电池回收箱主体的制作工作,使电池回收箱的基本结构得到了确定,从而可以进一步完善电池回收箱的内部细节。

最后就是方案的细化部分。在这个部分中每个人分别对电池回收箱的不同部分进行了细化和完善。苏航完成了电池回收箱内的整个电路部分,周凌清完成了电池回收箱的音乐开关部分,王笛设计了电池回收箱的外观及灯光,高官涛、陆源和楼茜蓉共同完成了电池回收箱全部的灯光安装。

总的小组人员分工情况见表 2。

表 2　人 员 分 工

姓　名	工　作　内　容
苏　航	材料采购、整体电路设计和加工
楼茜蓉	外观设计、材料采购、LED 灯安装
王　笛	外观设计、材料采购、灯光设计
周凌清	结构设计、材料采购、音乐开关制作
陆　源	结构设计、材料采购、LED 灯安装
高官涛	异物处理功能、材料采购、LED 灯安装

4. 实现过程

实现过程如下:

1）设计控制电路

当光电二极管产生电流时,LED灯的控制电路使LED灯的电源电路断开;当光电二极管不产生电流时,LED灯的控制电路使LED灯工作,同时开启延时功能,到达设定时间前,LED灯的工作状态不再受光电二极管影响。

当光电二极管产生电流时,音乐播放器的控制电路使播放器的电源电路断开。当光电二极管不产生电流时,开启延时功能,若音乐开关在设计时间内闭合,则音乐播放器自动开始工作,同时LED灯停止工作。

2）制作音乐播放器

改造采购的门铃,用作方案中的扬声器。

3）连接和测试电路

连接各控制电路、开关、检测模块(含发光二极管和光电二极管)、LED灯、音乐播放器。模拟投入电池(遮挡光电二极管),观察系统的行为是否符合预期的要求;移除遮挡物,观察系统的行为。

4）调试和焊接电路

5）制作箱体

加工纸箱,安装各部件和电路板。

最初的废旧电池回收箱是为全年龄段的人设计的,其设计理念来源于简约且时尚的苹果系列产品。外观设计力求简单而和谐,电池回收箱的三个侧面均有一排电池投入口,投入口内部有灯光设备,回收箱还内置音箱系统。电池投入后,音乐响起,侧面的灯光会随着音乐节奏发生变化,以此来使人们获得快乐的体验,从而提高人们的废电池回收意识。电池回收箱在投入电池之后的大致效果如图2所示。

图2　废旧电池回收箱效果示意

班级内小组确定之后,我们六人成为一个团队,得到了大家新的想法的加入,并且考虑了方案的具体可实现性,废电池回收箱的设计进行了多次更改,并最终确定如下。

只有一个在正面的电池投入口,希望通过这种设计让大家产生好奇心,引起关注并投入电池；在电池投入后灯光会发生闪烁等变化效果，而灯光亮起之后按下顶部的开关，灯光会关掉，但是同时，内置的发声装置会响起，播放音乐，一段时间之后音乐自动停止。通过这 3 个部分使人们获得快乐的体验，最后响起的音乐同样有吸引周围人们关注的效果。

最终设计的电池回收箱主要包括 4 个部分，图 3 为回收箱的结构示意图。

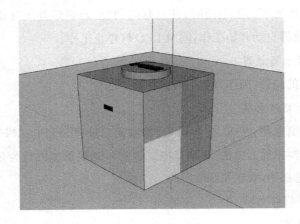

图 3   废旧电池回收箱结构示意

1）纸箱制作的电池回收箱箱体

其正面是一个单一的五号电池投入口，两个侧面用作安装灯光，顶部设有一个开关控制按钮，背面则是电池取出口。

2）电池投入后的控制电路部分

包括电池运行的轨道，以及其对整个箱体进行电源控制的开关。电池投入后会打开开关，进而使整个电池回收箱开始工作。

3）电池回收箱灯光效果部分

这个部分位于电池回收箱的两个侧面，由 2 组彩灯改装构成，回收箱电路打开后会按照预设方式发生闪烁变化。

4）电池回收箱音频部分

这个部分由一个成品的门铃改装而成，按下顶面的开关后音乐会响起，一段时间后自动停止。

5. 存在的问题与方案改进

最终方案有几个不完美的地方，首先是电池投入口和灯光效果方面，由于电池回收箱箱体的材质是纸箱,对箱体本身的加工不能太多,因而电池投入口只留下了一个,并且灯光也以很简单的方式安装在箱子侧面,没有达到最理想的灯光从电池投入口中按节奏变化。

其次是音乐问题,最初设想是电池投入不同的投入口播放不同的音乐未能实现,还因灯光和音乐不能使用同一个控制电路,音乐只能通过外置开关的方式来实现。

一些其他的方案改进措施如下:

(1)优化箱体的结构设计,考虑其他各部件的可安装性和易于维护,制造时采用金属材料。

(2)与网络进行连接,使得用户在操作完后,可以下载到一些有版权的娱乐作品(如流行歌曲),或者得到一些特定商户的优惠券等。

(3)与小朋友玩具(如摇摇马)相连接,使得该收集装置能控制摇摇马,这样从小培养小朋友的环保意识。

二、多功能鞋的设计

1. 需求背景

虽然现在的交通越来越发达,但是人们每天还是需要步行走很多路,例如,地铁之间换乘、地铁站到工作单位、周末购物、旅行出游等情况。

在校园里,我们每天也要走很多路。从宿舍到食堂,从东区教学楼到西区教学楼,以及往返于各活动场所和宿舍楼之间,保守估计的话我们每天大约至少要走三公里的路。虽然每人都有自行车作为代步工具,但是在许多时候自行车也不是最合适的选择。

当我们只能选择步行或者没有更好的方式出行时,步行的缺点是速度慢、体力消耗大,优点是方便,只要是个正常人,不需要借助任何其他工具就可以做到。我们小组所研究的内容,就是在维持其方便性的同时,克服步行的缺点,使之更加方便、省力。

针对这一需求,我们小组经过讨论,认为可以从鞋子入手来解决这个问题。鞋子是每个人的必穿之物,改造鞋子不会有什么不方便。因此,如何改造鞋子使之易于行走就成为我们小组主要研究的内容。我们的研究方向是设计一款兼备行走和轮滑的多功能鞋,来满足人们易于行走的需求。

2. 概念设计

根据调研及生活中的实例,分析了五种可行方案,并将这五种方案的优缺点进行了梳理和比较,最后确定了最终实行方案。

方案一:捆绑式滑轮底盘鞋

捆绑式滑轮底盘鞋,是将滑轮和鞋子分开来设计。也就是说,这个设计好的滑轮,能够通过捆绑固定的方法安装在使用者的任意一双鞋子上。而底盘的设计,可以是贴合鞋码的整个底盘,也可以是灵活的分开的两个轮子,如图4所示。

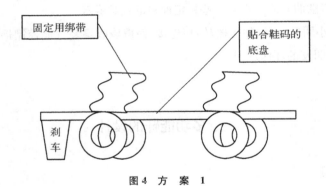

图 4　方　案　1

该方案优点:

(1) 轮盘可以灵活拆卸,保证安全。

(2) 可以根据鞋子大小做出调整。

(3) 前端刹车可以保证安全。

该方案缺点:

(1) 拆卸式轮盘需要随身携带,会带来一定的不方便。

(2) 对于鞋底要求较高,需要受力均衡。

方案二:在滑轮鞋上添加平底鞋

为滑轮鞋添加平底的方法很容易理解,就是说我们首先设计的是一双有滑轮的鞋子,且滑轮是固定住的。而在不需要滑轮的时候,我们为它添加有一定厚度的底座,将轮子遮盖住,就像是穿着平底鞋走路一样。该方案与第一种方案是相对应的,可是与第一种方案相比,就缺少了鞋码大小的可调性,如图5所示。

将底座按照轮子位置安装上去,就可以得到一个扁平的鞋底了。

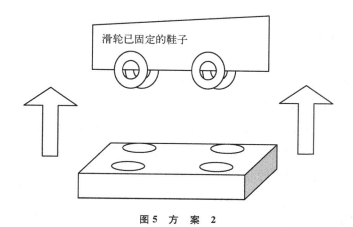

图 5 方 案 2

该方案优点:

(1)平的鞋底可以随意添加,满足灵活性。

(2)鞋子具有一定的增高功能。

该方案缺点:

(1)添加式鞋底需要随身携带,会有一定的不方便。

(2)鞋子会显得十分厚重,难以保证美观。

方案三:四驱车式多功能鞋

四驱车是许多男孩子们小时候非常熟悉的玩具,在车底盘处,轮盘是通过一根轴穿过,然后固定在车子两端。我们在鞋底的前后两处,打上两个孔,穿过一根足够受力的轴,再将轮子固定在铁丝的两端,模仿四驱车的样子,做出了滑轮鞋,如图 6 所示。

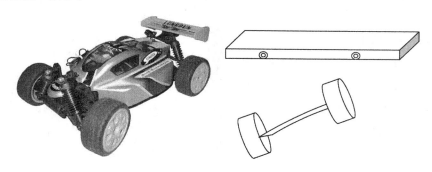

图 6 方 案 3

该方案优点：滑轮可以灵活添加，且携带起来比较方便。

该方案缺点：

(1) 钢丝在鞋底的摩擦不顺滑，很难保证轮子可以顺利滚动。

(2) 无法设计出相配套的刹车方式。

(3) 对钢丝的要求高，打洞也有一定的难度。

方案四：弹出式滑轮鞋

弹出式滑轮鞋是一个比较复杂的设计，当使用者敲击鞋跟时，轮轴运动，将轮子弹出来，然后就变成了滑轮鞋。而在不使用时再次敲击鞋底，将轮子收入鞋底。这个并非我们的原创，在市场上已经生产过类似的鞋子了，如图7所示。滑轮鞋在不使用时，轮子和鞋底是一体的，仅能从侧面看到轮子的存在，实际上是与平地走路没有区别的。

图7　方案4

该方案的优点：

(1) 滑轮具有灵活性，可根据需要调整。

(2) 与鞋子较为和谐地合为一体。

该方案缺点：

(1) 刹车问题无法解决。

(2) 鞋子本身重量较大。

(3) 维修起来十分麻烦，零件都是内置的。

方案五：内嵌式滑轮鞋

这个方案与上个方案有一定的相似度，但是它并没有在鞋子的前端和后端都设置轮子，只在鞋子的后方设置轮子。如果使用者想要使用滑轮时，将身体的重心后移即可，而且只要前脚掌落地，便能起到刹车的作用。不使用滑轮时，这鞋子和一般的运动鞋并没有明显区别。

图8为该鞋子的分解图，也就是说我们在鞋底的后部挖出一定空间，将轮子安装在该部位。轮子只

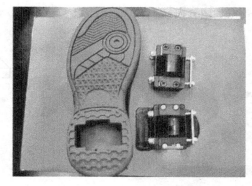

图8　方案5

要露出其本身的三分之一即可促使它滚动。

该方案优点：

（1）可以随心所欲选择使用滑轮的时机。

（2）可以控制刹车，安全有保证。

该方案缺点：

（1）由于鞋底要隐藏轮子，不可避免地增加了鞋子的重量和厚度。

（2）如果有垃圾被滚入凹槽，不易清理。

基于对当前方案的调查与分析，以及对功能原理的探讨，我们选定了最佳方案（方案一），并试图在技术上将其实现。

鞋身设计主要是采用分体拼装硬壳鞋身的方法，一是因为一次浇铸成型硬壳鞋身，拼装方式可以降低成本；二是只有硬壳鞋身的轮滑鞋，才能完整包裹住脚，使得脚踝与小腿能完全发力，安全系数较高；三是针对穿着不如软壳鞋身舒适这一不足之处，我们在鞋子内部装上质量较高的内胆来弥补。

轴承可以说是轮滑鞋的精髓部分。轴承越好，旋转速度越快、越顺畅、越轻盈。这就是为什么有时候能够看到有的孩子在拼命地用力滑行，速度却怎么也提不上来，而有的孩子却能身体舒展、神情轻松地滑行的原因。轴承一般分为铁皮轴承与碳钢轴承。铁皮轴承质量差，在使用过程中容易产生弹珠破裂而导致轴承锁死的现象。碳钢轴承强度高，润滑性好，在设计新产品的过程中我们将选择碳钢轴承。

考虑到此产品主要是为了方便人们短途出行，安全是最为重要的，所以我们会选择具备高弹性，体积较大，切面较宽的 PU 灌注轮。

功能结构如图 9 所示。

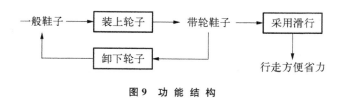

图 9 功 能 结 构

3. 实现过程及结果

设计鞋底三视图和滑轮三视图如图 10、图 11 所示。

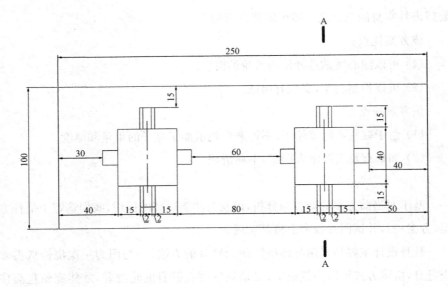

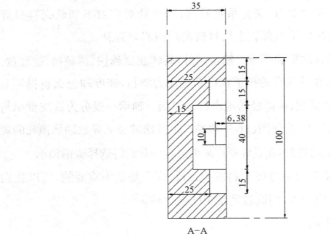

A–A

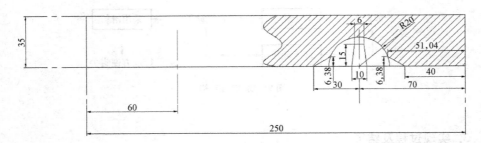

图 10　鞋底三视图

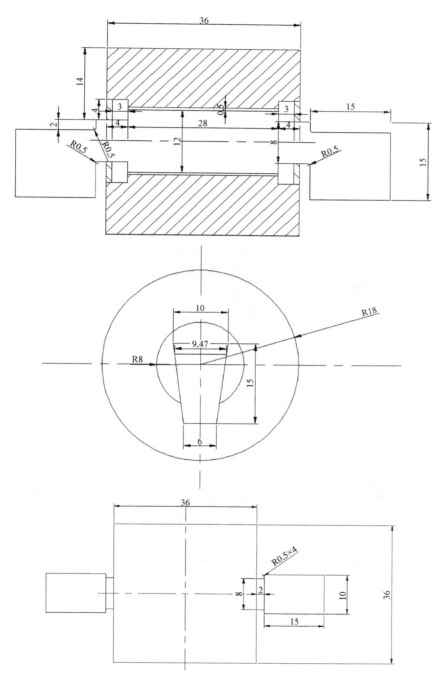

图 11 滑轮三视图

技术原理：

（1）滑轮内嵌有滚珠轴承，依靠轴肩与外止动环固定在滑轮内。

（2）轮轴中间为圆柱，两端为楔形，连接处靠圆角削弱应力集中。

（3）鞋底梯形槽用于固定滑轮—轮轴系统，斜面利于系统入位，依靠弹簧滑块系统起到防止竖直方向的松动。

（4）鞋底圆弧槽边缘有楔形凹槽下探，用于后盖的拿取。

模型制作的过程：

① 坯上画出大致轮廓，用曲线锯举出大致外轮廓（如下照片所示）。

② 打磨机去除多余的木料后基本定型（如下照片所示）。

③ 用铣刀洗出凹槽，并用凿子凿出直角（如下照片所示）。

④ 用铣刀洗出鞋底圆倒角（如下照片所示）。

⑤ 用圆棒制成滑轮（如下照片所示）。

⑥ 用打磨机打磨整体（如下照片所示）。

⑦ 完工。

最终制作出的模型如图 12 所示。

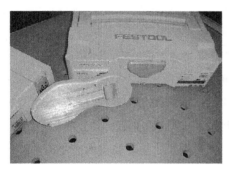

图 12 设计方案一的实物模型   图 13 方案二中轮子的设计示意

根据方案一的成果,我们将其与市场上现存方案的产品作对比,并对消费者的需求认真予以审视,据以对现有的不足进行改进,以实现方案一的优化,即方案二。设计图样如图 13 所示。

技术原理:

(1)主轴与滑轮转轴刚性固结,滑轮通过轴承完成转动,轴承固定原理与方案一相同。

(2)主轴的前端有弹簧,用来限制及恢复主轴的位置。

(3)开关前端与主轴末端为齿形结构,并且当主轴复位时并不啮合。

(4)包围主轴的管道末端被经设计过的轨道四等分。

(5)当按下开关时,开关沿滑槽移动,因齿型不啮合而推动主轴前进。

(6)开关到位后,主轴外围的滑块沿轨道上滑并旋转 90°,到位后固定。

(7)再次按下开关后,该过程循环进行。

三、图书馆座位管理系统

1. 需求背景

随着当前教育制度、教学方式的改变,高校学生自学时间逐渐增多,图书馆因有优雅的环境,舒适的设备,方便的各种服务,一直是学生学习的首选之地。对于藏借阅一体化图书馆来说,阅览及自习的功能在服务管理模式中占到了很大的比重,图书馆成为读者阅览、学习的中心场所,这不可避免地给其管理带来巨大压力。其中最大的矛盾是,图书馆资源有限与学生需求甚大,因而如何高效地配置资源是一个非常重要的问题。尤其在学生自习较为集中、大人流量涌入的时段,产生了对全国各地高校图书馆来说都是老大难的占座问题。

所谓占座就是读者在自习活动开始前使用各种标志占有图书馆内某个或某些座位在自习时的使用权。这种做法导致图书馆资源使用效率降低,最常见的占位就是"有书没人",座位没人使用;或者"以一占十",譬如图书馆有 50 个座位,被 5 个先到的人占有了。这也导致了后到的人因座位被占而产生的不满甚至冲突。

本设计的主要目标如下:

(1) 基于"一个原则"有效配置图书馆资源;

(2) 通过软硬件结合,将座位管理科技化,网络化,解决此前发现的"两个问题";

(3) 多平台实时显示座位的使用情况,方便查询;

(4) 具有其他功能的扩展性。

根据对同学的问卷调查与采访,以及 PRP 小组的讨论,我们总结了同学对图书馆座位管理方面的需求:

(1) 查询空座位。

(2) 座位信息即时更新。

(3) 预约座位。

(4) 未按预约入座记入电脑进行评级。

2. 概念设计

　　系统以网络为基础,结合简易硬件设备即可。只要用户通过电脑或手机接入指定网站,就可以应用该系统,进行座位查询和预约,方便快捷。同时在图书馆大屏幕有输出显示并实时更新。在图书馆门口设置选座终端,学生通过使用校园卡,操作机器,即可查询空位情况,并选定自己想要的座位,还可以为同学预约邻近座位并设置配对密码,可预约座位个数根据信用等级而定,如果学生违例,将记入电脑进行评级,如此可使使用者自觉遵守规则。此系统是普遍适用广大高校图书馆、自习室等处,受用范围广泛且功能丰富,设计科学。实施方案如图 14 所示。

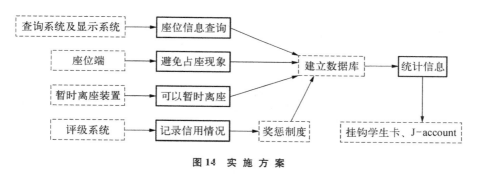

图 14　实 施 方 案

　　通过反复研究和参考资料,考虑到座位端的设置成本,使用条形码作为认证手段,并且加入隔日预约、邻座预约、信息统计等功能。

　　名称:图书馆座位管理系统。

　　用户:全体在校学生。

　　座位查询:用户可通过计算机或手机等设备接入指定网站查询,也可通过图书馆门口的选座机器进行查询。

　　座位预约:用户可通过计算机或手机等设备接入指定网站预约,以及通过图书馆大厅的选座机器进行暂时预约。

　　座位选定:用户通过图书馆大厅的选座机器,进行座位选择,获得条形码,即可入座。

　　座位统计:系统根据座位预约情况和实际入座情况进行统计。

　　信用评级:根据学生的座位预约情况和实际入座情况进行评级。

1）系统特性

（1）可通过网页进行查询、提前预约,也可现场查询、预定、选座。

（2）用户可以在网上提前一天，选择任意时间点进行预约。

（3）用户可根据空位情况自行选择座位。

（4）选座机器根据座位情况、人群分流状况、座位热度情况，提供智能推荐。

（5）系统开发所需费用少，成本低，易实现。

（6）系统对用户的座位使用情况进行评级，规范占座行为。

2）系统总体功能描述

功能模块	功能描述
查询模块	1. 提供即时空位查询浏览； 2. 可通过图书馆大厅的选座机器即时查询座位情况； 3. 可通过计算机或手机等设备接入指定网站进行查询浏览（类似 classroom. sjtu. edu. cn）。
选座模块	1. 提供图书馆即时选座； 2. 在图书馆大厅设置选座机器，学生进入图书馆后，通过操作机器，可查询到空位情况，并选择座位，得到一张条形码，即领取到座位，离开时条形码消磁，即作废； 3. 根据座位情况、人群分流情况及座位热度情况，提供智能推荐，推荐最优方案； 4. 当用户不需要座位时，则可到指定网页或者图书馆大厅的选座机器注销座位，然后此座位成为非占用状态的空位，重新进入选座和预约系统。
预约模块	1. 提供预约空位服务； 2. 可通过计算机或手机等设备接入指定网站进行提前预约； 3. 可在图书馆大厅的选座机器进行暂时预约，用校园卡预约邻近的座位，即邻座预留，并设定配对密码，可预约座位个数按照信用等级来定，用校园卡并输入密码即可领取已预约座位。
统计模块	1. 根据座位预约情况及入座实际情况进行统计分析； 2. 为图书馆服务提供依据； 3. 为学生预定提供依据。
评级模块	1. 对学生的座位预约记录进行评级：网上预约若未在指定时间之后的30分钟内入座，则信用降低；图书馆邻座预留，若在30分钟内预约座位未被领走，则信用降低；根据信用等级设置黑名单； 2. 根据评级情况设置奖惩； 3. 信用等级的高低决定可预订座位的个数，若信用等级过低，被拉入黑名单，则不为该用户提供查询、预定的服务。

3）系统总体流程框架

图15为图书馆座位管理系统的总体流程框架，具体描述了本系统的各个功能模块之间的逻辑关系。

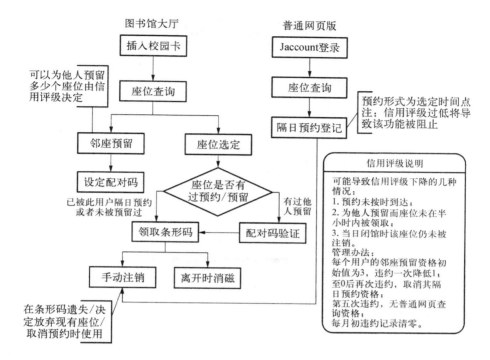

图 15　系统总体流程框架

3. 系统实现结果

　　系统实现结果包含两类用户界面：一类是普通网页的用户界面，方便用户以浏览器登录使用；另一类是图书馆大厅的实时信息界面，方便用户在图书馆大厅时决策。

　　1）普通网页用户界面

　　网页用户界面主要有四个：图书馆座位管理系统的操作界面、查询座位界面、预约座位界面和注销座位界面。其中，查询、预约、注销座位界面的在同一网页窗口中，只是用户所需点击的按钮不同。图 16 是一个供用户查询、预约、注销座位功能界面的网页窗口。

　　2）图书馆大厅实时界面

　　网页窗口设计有五个主要界面：图书馆座位管理系统的操作界面、查询座位界面、座位选定界面、预留座位界面和注销座位界面。其中，查询、选定、预留、注销座位界面的在同一网页窗口中，只是用户所需点击的按钮不同。界面与普

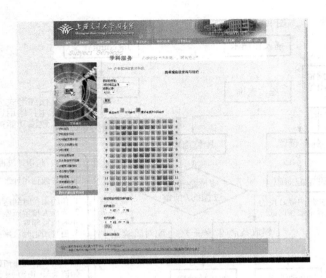

图 16   查询、预约、注销座位功能界面的网页窗口

通网页的用户界面类似，这里不再列出。

四、旅游景点购票系统

1. 需求发现

在十一长假期间，众多景区人满为患。不仅买门票要排队，就连进入景区也要排队。最拥挤的当属华山景区，要连排买门票，买缆车票，买接送车票和进入景区四个队。如果买票工作能够事先在网上做好，不仅可以减少游客的等待时间，景区的工作人员也可以提前根据客流情况做好应对，而且还可以根据时间段分批控制进入景区的游客人数。

我们假设华山景区将一部分的门票在网上实名制出售，在每张门票上注明参观批次和时间，剩余的部分则在现场出售。将游客分批分流，可以极大地缓解人山人海的情况。至于游客的等候时间，可以让他们选择先到该景区附近其他小景点游玩，这样也可以实现景区联动共赢。此设想主要是鼓励游客网上买票，若买不到门票就应选择能够买到门票的别地景点。

2. 概念设计

利用这个系统提供的购票功能,游客购票的基本流程如图 17 所示。

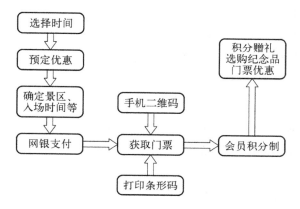

图 17 购票流程图

第一步:选择日期,景区根据当天是否是旺季、购票提前的时间决定折扣的力度;

第二步:游客选择景区、游玩的时间等;

第三步:选择门票,利用网上银行付款;

第四步:通过邮件获得条形码,也可通过手机短信的方式获取确认码;

第五步:购票成功后获得积分,积分可用于赠礼、门票优惠、选购旅游纪念品等;

第六步:游客在游玩之前可以在相应的版面提问,游玩归来后也可以写景区游玩的心得。

门票确认的详细流程如图 18 所示。

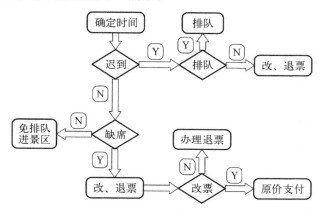

图 18 门票确认详细流程

购票成功后到达景区分以下几种情况：

（1）准时到达，免排队进景区。

（2）迟到了，可以享受门票优惠，但是需要排队进景区。

（3）游客不能来或者晚到了且不愿意排队，可以选择改签、退票。退票需要支付一定网上银行的手续费，改签需要以原价支付。

3. 界面设计

由于课程时间有限，因此本设计仅对系统的界面进行。

根据上述购票流程，我们确定具体页面的功能。

1）系统主页

系统主页（见图19）的功能如下：

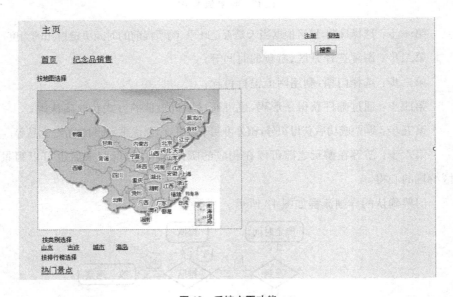

图19　系统主页功能

（1）按地图/类别/排行榜选择景区；

（2）会员注册/登录；

（3）纪念品销售。

2）景区相关页面的设计

景区介绍如图20所示。登录系统后，系统为注册用户提供的主要功能

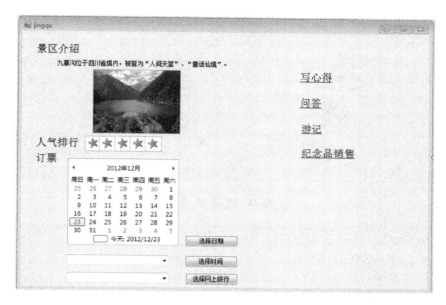

图 20 景 区 介 绍

如下：

（1）详细介绍景区的概况，包括文字介绍和相关配图；

（2）根据相关评级机构的评价标准，网页的浏览人数，游客的反响等因素确定景区的人气，可以用五角星的数量形象地表示；

（3）游客可以在购票页面，选择出游的日期和时间，需要以小时为单位精准确定进景区的时间，并通过网上银行支付；

（4）游客可以互动模块分享景区的游玩心得，问答其他游客问题，写游记，销售纪念品。

3）门票获取页面

通过电子邮件确认函或手机确认码（也可使用手机二维码）获得门票。如果收到电子邮件确认函，需要将邮件打印出来。手机确认码则只需出示手机即可。在提倡环保的今天，我们更希望使用无纸化的手机确认码。门票获取页面如图21 所示。

4）会员账户页面

会员帐户管理如图 22 所示，会员可以使用用户名或密码进行登录，也可使用其他社交网站账号登录。

图 21　门 票 获 取

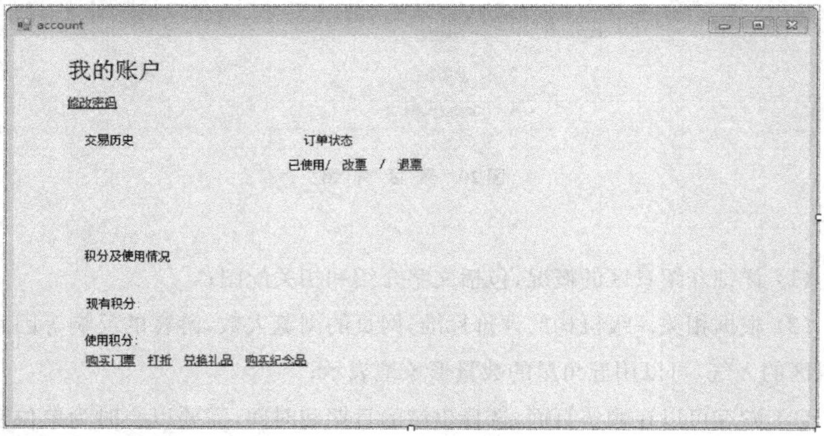

图 22　帐 户 管 理

会员在购买门票后可获得相应的积分，此后能够使用积分换取礼品、购买纪念品或者抵扣门票价格。

在会员账户的页面可以：

（1）看到交易历史，并在此选择改退票。

（2）查询积分及使用情况。

5）线下服务——纪念品

线下服务功能界面如图 23 所示。

（1）使用搜索框选择。

（2）按类别选择，例如钥匙圈、土特产。

（3）在各景区的链接中进入纪念品选择。

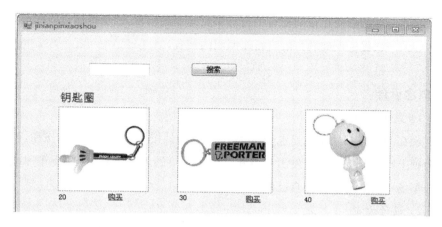

图 23　线下服务搜索

五、自行车寻找与警示系统

1. 需求发现

1）找车的烦恼

在校园、自行车停放点等自行车大量集中的场所寻找自己的自行车十分不便。茫茫一片各式各样的自行车，很难从车堆里找到自己停放的自行车，一些记性差的同学，可能连自己的自行车停放的方向都忘记。尤其在夜晚，对于视力差的同学而言，找自行车简直就像大海捞针一般，十分困难。

2）警示的困扰

现在的自行车普遍未安装车铃铛，在路上骑行时，有时为了避免撞到行人只好自己大声叫喊，还往往发生撞倒行人的事故。

自行车在路上骑行，其用来保护自己避免被后面的车辆撞上的装置仅仅是依靠车后座上安装的一小块反光板，紧随在后无法主动发出光源的车辆（如另一辆自行车），因这样的装置反光不显眼，往往很容易忽视。

3）照明困扰

目前的自行车普遍不具备提供夜晚照明的功能。因此，产生了如下需求：

（1）一款无论白天或是夜晚都能迅速帮助用户找到自己自行车位置的装置；

（2）一款能够起到提示路人小心自行车的装置；

（3）一款能够使在夜间骑行的自行车反光更加醒目，避免碰撞危险的装置；

（4）一款提供夜间骑行的自行车照明的装置。

2. 概念设计

1）灵感来源

现在的轿车都采用的是电子车钥匙，人在远处按一下车钥匙上的按钮，轿车便会锁上/打开车门，同时发出叫声并伴随有车灯的闪烁，便于在地下车库或任何停车场中都能容易找到自己的轿车。

2）设计方案

参照私家轿车的电子车钥匙，我们设计了一款远程遥控的车钥匙，通过车钥匙来控制前面所提到的搜索警示功能。

整套装置分为：无线发射器（遥控车钥匙）、无线接收器、导线及外部绝缘保护套线、12 V 闪光蜂鸣器（2 个）、12 V 高亮度 LED 灯、12 V 电池及电池盒、多用固定装置（3 个）、扣带固定装置（10 个）。

3. 方案实现

1）无线发射器与无线接收器

首先从北京东路购买到一套无线发射器与无线接收器（见图 24），无线发射器有两个按钮，分别控制着无线接收器上的两个电路的开关，依照设计方案，两个按钮将分别控制闪光蜂鸣器与车前灯 LED 灯的工作。使用者平时随身携带

无线发射器（遥控），在找车时，按下相应的功能按钮即可。骑行时，使用者将遥控插入车把手上的固定装置，便于骑行时使用遥控按钮，如打开车前灯、控制闪光蜂鸣器。

2）闪光蜂鸣器

接收到由无线发射器传输的信号之后，闪光蜂鸣器进行工作，发出响亮的蜂鸣声，同时伴有闪光效果。在白天时，车主首先通过蜂鸣器发出的蜂鸣声，利用人耳的双耳效应确定车子的大致方向，之后循着蜂鸣声走过去，便会看见正在闪光的蜂鸣器了。

图 24   无线收发器

而在夜晚这种更加难以找车的时间段,蜂鸣器的效果也更好,找车会更容易。

此外,夜晚骑车,在经过路况复杂或是灯光较弱容易发生事故的路段时,骑车人也可以通过遥控来打开闪光蜂鸣器,以警醒路人小心车辆,同时使得自己更加醒目,避免被撞。闪光蜂鸣器见图25。

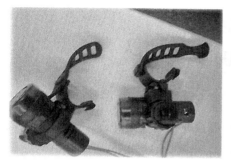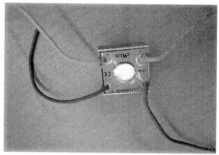

图25 闪光蜂鸣器

3)车前灯

骑车时,使用者按下固定在车把手上遥控装置的按钮,控制车前灯打开,提供夜间起码的照明,使骑行更加方便。

4)无线发射器塑料外壳

起到有效保护无线接收器免受外界自然条件影响,保护电路的作用,也使得整套装置更为美观。

5)电池盒和电池

电池盒可以组装在一起,实现多节电池的串联后使用十分方便,也使电路的连接得以简化,同时保护了电路。电池盒见图26。

图26 电 池 盒

6）自行车固定装置

将两个自行车固定装置安装在车座下，一前一后，用于固定蜂鸣报警器；另一个装置安装在车把手上，骑车人在骑行时插入遥控，雨天可以用于固定雨伞，能够安全骑行时不被淋湿。

六、方便面简易调味包设计

1. 需求发现

人们贪图方便常喜欢吃泡面。可是，每次吃泡面在撕开调味包时感到不太方便，于是就有了简易调味包设计的需求。

从自身的体验和对客户访问结果中，我们发现对于方便面的调味包有进一步改进的需求，即希望挤调味包这一过程能够更为方便或者说调味这个过程能够更为简易。

2. 需求发现

方便面由三部分构成：外包装，面饼和调料。我们这里主要对调料进行改进。传统的方便面有三种调料，粉、酱、蔬菜，分三次加入。由于挤调味包的过程有点麻烦，需要简化调味这一过程，我们的改进方向是一次加入所有的调料并且不会产生其他后续操作。经过头脑风暴，总结形成如下三个解决方案：即茶包投放，胶囊速融，面条中包含调料。

经过小组讨论，选择胶囊速融方案，并展开详细设计与实现。

3. 方案实现

1）总体结构设计

胶囊结构(上下部黏合)：把调料放进可食用的胶囊里投入，遇热水即化。这样只要一个简单的放入动作，就能完成调味过程。胶囊结构如图27所示。

2）胶囊壳设计

要求：① 热水中速溶；② 常温下稳定(预计温度：0～50℃)；③ 可食用、对人体无害；④ 能有多种颜色(以供区分调料)；⑤ 成本应尽可能低。

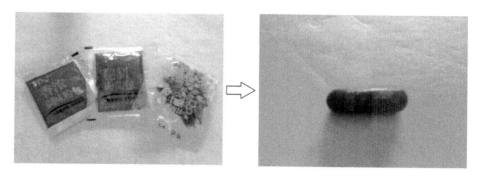

图 27　胶囊包装

最终确认材料：速溶可包装材料（专利号 87102288）。生产厂家：上海柏丹包装材料技术有限公司。具体性能如下：

（1）速溶性：试验中，一块 80 ＊ 60 ＊ 8 的速溶可包装材料溶于 300 Ｇ 热水中仅需 10 Ｓ 即可满足要求。

（2）色彩工艺：通过在可食用素材制造过程中添加可食用色素，能赋予材料多种颜色，满足要求。

（3）成本：几乎所有农作物粮食都能通过泡花处理制成可食速溶包装材料，满足要求。

（4）额外优点：在可食速溶包装材料中添加更多的营养（如高蛋白、高食物纤维等），达到营养搭配的目的。

胶囊壳的颜色：蔬菜包——绿色；重口味——红色；标准口味——白色；清新口味——黄色。

胶囊壳的大小：高 5 cm，宽 3 cm。

胶囊壳的形状：类似于普通胶囊。

3）胶囊壳的制备

我们可以直接利用医用胶囊的制备方法来制备可食用调料胶囊。只需对其大小进行修改即可。

流程：溶胶→蘸胶→干燥→拔壳→切割→整理

黏合：主要胶黏剂种类有：酚醛树脂、脲醛树脂、环氧树脂、聚异氰酸酯等合成。